学生のための
機械工学シリーズ 3

基礎生産加工学

小坂田宏造

編著

上田隆司
川並高雄
久保勝司
小畠耕二
塩見誠規
須藤正俊
山部　昌

著

朝倉書店

編著者

小坂田宏造（おさかだこうぞう）　大阪大学名誉教授

著　者

上田　隆司（うえだたかし）　金沢大学工学部機能機械工学科
川並　高雄（かわなみたかお）　金沢工業大学工学部機械工学科
久保　勝司（くぼかつし）　摂南大学工学部経営工学科
小畠　耕二（こばたけこうじ）　前奈良工業高等専門学校機械工学科
塩見　誠規（しおみまさのり）　工学院大学グローバルエンジニアリング学部
須藤　正俊（すどうまさとし）　金沢工業大学工学部機械工学科
山部　　昌（やまべまさし）　金沢工業大学高度材料科学研究開発センター

（五十音順）

はじめに

　テレビ，ステレオ，パソコン，自動車など私たちの身の周りにある製品は，工場の中で，場合によってはほとんど人の目に触れずに生産されている．このため，「ものづくり」は容易に行われるものと誤解されることがあるが，品質の高い製品の生産加工には高度な技術を要し，簡単にできるものではない．日本の生産技術は世界のトップレベルにあるといわれているが，その技術や設備は機械工学などを学んだ技術者が苦労して完成させたものである．

　加工技術は昔から行われていたため，学問とは関係が薄いものと思われがちである．しかし，高度な加工技術は材料学，材料力学，動(振動)力学，熱工学，流体力学，トライボロジー(摩擦，摩耗に関する科目)などの学問を駆使している．また，最近では加工機械の自動制御や各種ソフトウエア，インターネットの利用など，情報技術の活用も生産加工には不可欠になっている．

　生産加工技術にたずさわる者が必要とする知識量は膨大であるが，授業時間内で学ぶことのできる量は限られている．こうした状況では，生産加工の全体像と各加工法を原理から理解することが重要である．そこで，本書では代表的な加工方法を取り上げ，加工の原理と利点，欠点を，力学，熱工学，材料学，摩擦潤滑などの基礎事項と結びつけて説明するようにしている．

　しかし，生産加工の授業が関連科目を学ぶ前に配置されていることもしばしばあるので，本書では加工現象を理解するために必要な最低限の基礎知識を最初に説明してある．生産加工は目的が明確なだけに，機械工学を総合的に理解するのに最も適した科目である．こうした観点から，本書は機械工学の入門書になるように配慮している．

　生産の現場を見たことのない学生諸君が，加工技術の具体的なイメージをもつのは困難なことと思われる．そこで，各章ごとに内容と関係したコラムを設けた．さらに，数式が出てくるところではできるだけ実際的な例題を示し，具体的に理解できるようにした．また，各章末には演習問題を設けているが，すべての

問題に解答をつけてある．演習問題は各章の内容の理解を深めるように，本文を補足するようなものになっているので，できるだけ目を通してほしい．

本書は1セメスター2単位の科目を想定し，1回に1章ずつ13回の授業になるようにしている．このため，記述内容は非常に簡単になっている．より深い内容は専門書で自習できるように，巻末に各章の参考図書を紹介してある．

2001年9月

著者一同

目 次

1. 生産加工の概要 …………………………………………………………… 1
   1.1 加工方法の分類 ……………………………………………………… 1
   1.2 身近な製品のつくり方 ……………………………………………… 5
   1.3 加工方法選択の考え方 ……………………………………………… 7
   1.4 情報化と生産加工 …………………………………………………… 8
   演習問題 …………………………………………………………………… 10

2. 加工の力学的基礎 ………………………………………………………… 11
   2.1 単純な変形における応力とひずみ ………………………………… 11
   2.2 変形抵抗曲線 ………………………………………………………… 14
   2.3 脆性，延性，靭性 …………………………………………………… 16
   2.4 材料試験による加工特性の推定 …………………………………… 17
   2.5 変形仕事，加工発熱と熱移動 ……………………………………… 18
   演習問題 …………………………………………………………………… 21

3. 金属材料の加工特性 ……………………………………………………… 22
   3.1 鉄鋼材料 ……………………………………………………………… 23
   3.2 非鉄金属 ……………………………………………………………… 25
   3.3 金属の特性 …………………………………………………………… 26
   3.4 温度による金属の変化 ……………………………………………… 28
   演習問題 …………………………………………………………………… 31

4. 表面状態とトライボロジー ……………………………………………… 33
   4.1 金属の表面と接触 …………………………………………………… 33
   4.2 摩 擦 ………………………………………………………………… 36

  4.3 潤　滑 …………………………………………………………… 38
  4.4 摩　耗 …………………………………………………………… 41
  演習問題 ……………………………………………………………… 42

5. 素材製造 ……………………………………………………………… 43
  5.1 溶融・製錬 …………………………………………………… 43
  5.2 板の圧延 ……………………………………………………… 45
  5.3 管, 棒などの圧延 …………………………………………… 50
  5.4 押出し ………………………………………………………… 51
  5.5 引抜き ………………………………………………………… 52
  演習問題 ……………………………………………………………… 53

6. 鋳造加工 ……………………………………………………………… 54
  6.1 砂型鋳造 ……………………………………………………… 55
  6.2 砂型の改良 …………………………………………………… 56
  6.3 ダイカスト …………………………………………………… 60
  6.4 特殊鋳造 ……………………………………………………… 61
  6.5 鋳造製品の設計 ……………………………………………… 63
  演習問題 ……………………………………………………………… 64

7. 塑性加工 ……………………………………………………………… 65
  7.1 塊状物の塑性加工 …………………………………………… 66
  7.2 板の塑性加工 ………………………………………………… 70
  7.3 せん断加工 …………………………………………………… 73
  7.4 塑性加工機械 ………………………………………………… 74
  演習問題 ……………………………………………………………… 75

8. 接合加工 ……………………………………………………………… 76
  8.1 アーク溶接 …………………………………………………… 77
  8.2 高エネルギービーム溶接 …………………………………… 79
  8.3 抵抗溶接 ……………………………………………………… 80

8.4　ガス溶接 …………………………………………… 81
　8.5　ろう接 ……………………………………………… 83
　8.6　固相接合 …………………………………………… 83
　演習問題 ………………………………………………… 85

9. プラスチックとセラミックスの加工 ……………… 86
　9.1　プラスチック ……………………………………… 86
　9.2　プラスチックの成形 ……………………………… 87
　9.3　セラミックス ……………………………………… 91
　9.4　セラミックスの加工 ……………………………… 93
　演習問題 ………………………………………………… 96

10. 切削加工 ……………………………………………… 97
　10.1　切削機構 ………………………………………… 97
　10.2　切削温度と工具摩耗 …………………………… 102
　10.3　仕上面粗さ ……………………………………… 102
　10.4　切削工具 ………………………………………… 103
　10.5　工作機械 ………………………………………… 107
　演習問題 ………………………………………………… 107

11. 研削および砥粒加工 ………………………………… 108
　11.1　研削加工 ………………………………………… 108
　11.2　研削の加工条件 ………………………………… 109
　11.3　研削砥石 ………………………………………… 110
　11.4　研削機構 ………………………………………… 111
　11.5　研削抵抗 ………………………………………… 114
　11.6　砥粒加工 ………………………………………… 115
　演習問題 ………………………………………………… 117

12. 微細加工 ……………………………………………… 119
　12.1　放電加工 ………………………………………… 119

12.2	レーザ加工……………………………………………… 121
12.3	高エネルギービーム加工………………………………… 124
12.4	電気化学加工……………………………………………… 126
12.5	被覆加工…………………………………………………… 127
	演習問題……………………………………………………… 128

13. 生産システム ……………………………………………… 129

13.1	工具寿命と生産の最適化………………………………… 131
13.2	品質管理…………………………………………………… 132
13.3	生産におけるコンピュータ利用………………………… 136
	演習問題……………………………………………………… 139

演習問題解答 ……………………………………………………… 140
参 考 図 書 ………………………………………………………… 147
索   引 …………………………………………………………… 149

━━ コラム ━━

未来の加工法―光造形― 4	日本刀の秘密 69
有限要素法	船の鉄板の接合方法 82
―シミュレーションの方法― 15	高分子の歴史 89
深海に落ちた鉛玉は降伏するか？ 18	飴のように伸びる超塑性セラミックス 92
パーライト 30	ワットの蒸気機関を可能にした切削加工技術 105
スティックスリップ運動 37	
マンネスマンピアサーの誕生 49	ダイヤモンドの加工方法 113
オシャカの語源 56	LSIの高密度化の限界 123
奈良の大仏の鋳造 59	生産管理の元祖テイラー 136

生産加工で用いられる物理量の単位

　学術論文では国際標準(SI)単位系，工学や工業では工学単位系，物理ではCGS単位系が主に用いられている．用途によって各種の単位系があるのは不便であるので，SI単位系に統一されていく方向にある．

　単位系による相違のうち，加工に関しては「力」が関係する量が重要である．力にはSI単位でN(ニュートン)，工学単位でkgf(1 kgf=9.8 N)，CGS単位でdyn(ダイン，10^5 dyn=1 N)が用いられる．本書では主にSI単位を用いるが，日常感覚で理解できるように，力，圧力，仕事(エネルギー)については kgf(1 kgの質量の物体を持ち上げるのに必要な力)，kgf/mm²(1 mm²に1 kgfの力が加わったときの圧力)，kgf·m(1 kgfの力で1 m持ち上げる仕事)を少なからず用いている．これらで表示された値を9.8倍すれば，N，MPa，J(ジュール)に変換できるので，SI単位に慣れるようにしていただきたい．

- **SI単位**：基本量は，長さ：m(メートル)，質量：kg，温度：K(ケルビン)，力：N(ニュートン)，応力，圧力：Pa(パスカル)，エネルギー：J(ジュール)，仕事率：W(ワット)である．10の指数乗倍には以下の接頭語をつける．10^{12}倍：T(テラ)，10^9倍：G(ギガ)，10^6倍：M(メガ)，10^3倍：k(キロ)，10^2倍：h(ヘクト)，10倍：da(デカ)，10^{-1}倍：d(デシ)，10^{-2}倍：c(センチ)，10^{-3}倍：m(ミリ)，10^{-6}倍：μ(マイクロ)，10^{-9}倍：n(ナノ)，10^{-12}倍：p(ピコ)．35 MPa，5 kJ，30 nmのように使用する．
- **長さ**：μm をミクロンと呼ぶこともある．原子の大きさなどではÅ(オングストローム＝10^{-10} m)が使用される．米国などではin(インチ＝25.4 mm)が使用されている．
- **時間**：s(秒)を基準に，min(分)，h(時間)も使われる．
- **質量**：SI単位ではkgが基準であり，工学単位系の単位はkgf·s²/mである．
- **力**：1 kgの質量を1 m/s²で加速する力が1 N(ニュートン)である．1 kgの質量に重力加速度(9.8 m/s²)が加わると1 kgf(1 kgf=9.8 N)であり，その1000倍がtonf(1 tonf=9.8 kN)．英国，米国ではlb(ポンド=0.45 kgf)が用いられている．
- **応力**：単位面積当たりに加わる力である応力は，N/m²=Pa(パスカル)で表す．工学的にはkgf/mm²を用いる．1 kgf/mm²=9.8×10^6 Pa=9.8 MPa(メガパスカル)である．
- **圧力**：応力と同じ単位を用いるが，圧力だけに用いる専用の単位もある．1気圧=1013 hPa=1.03 kgf/cm²=0.0103 kgf/mm²．1 mmHg=1 Torr(トル)=1.013×10^5/760 Pa．
- **仕事，エネルギー**：1 Nの力で1 m動かす仕事が1 J(ジュール)である．1 J=1 N·m．1 kgf·m=9.8 J．1 cal=4.186 J=0.427 kgf·m．1 W·h=3.6×10^3 J．1 erg=10^{-7} J．
- **仕事率**：1 sの時間に1 Jの仕事を行う仕事率がW(ワット)である．1 W=1 J/s．1馬力(PS)=735.5 W．
- **温度**：K(ケルビン=℃+273)は絶対温度．米国などでは°F(華氏=9/5℃+32)が使用されている．
- **回転速度**：rpm (revolutions per minute：1分間の回転数)が用いられる．
- **粘度**：SI単位ではPa·sである．1 P(ポアズ)=0.1 Pa·s．

1. 生産加工の概要

1.1 加工方法の分類

　生産活動に用いられている材料の加工方法は非常に多くあり，それらの目的は材料に形状を与えることばかりでなく，製品の機械的特性，電磁気特性，光学特性，表面特性をつくり出すことなど多様である．ここでは製品形状を創成するための原理をもとに加工方法を分類し，身近な加工活動や製品を例にとって説明する．

a. 除去加工

　木材加工では「のこぎり」で切ったり「かんな」で削ったりして，元の材料から一部を除去して形状を作成する．木材が加工できるのは金属の工具が木材よりずっと硬いためであるが，さらに硬い工具を用いると，図1.1に示すように金属を削ることもできる．金属を削る作業を「切削」といい，金属切削用の工具材料として，焼入れ強化した工具鋼や強度の高いセラミックスなどが使用されている．切削によって平面や曲面をつくったり，穴をあけたりするための機械が「工

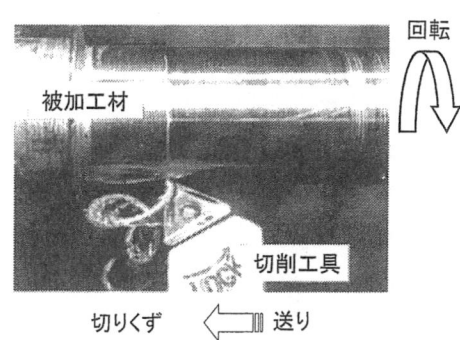

図1.1　金属の切削（旋削）

作機械」である．

　紙やすりでプラスチックモデルを磨く作業も，元の材料から一部を除去するという点では切削と同じである．紙やすりの砂粒は，「砥粒」と呼ばれる非常に硬い物質であり，その角の部分で材料をわずかずつ削っている．砥粒で金属を磨く「ラッピング」のほか，砥粒を固めて円盤状にした「砥石」を高速で回転して金属表面を削る「研削」も多用されている．

　材料の一部を除去するためには，材料を高温にして溶融，気化させたり，酸や電気分解で溶かし出したりする方法もある．「エッチング」は材料の表面に作成された保護膜の一部を写真技術で除去し，保護膜のなくなった部分を腐食液により選択的に溶かす方法であり，細かい模様を彫ることができる．コンピュータで使われる集積回路 (IC) の作成にもエッチングの技術が使われている．

　除去加工では一般に高い加工精度が実現できる．これは，小さな領域に力や熱を加えて材料を少しずつ除去するので，材料全体の弾性変形や熱変形を小さくできるためである．一方，徐々に加工を進めるため除去加工の加工時間は長く，切りくずの発生により材料が多く必要である．

b. 変形加工

　液状のプリンの原料を型の中に流し込み，冷えて固まった状態で取り出すと，型と同じ形のプリンができる．図 1.2 に示す鐘の「鋳造」はこれと同じ原理であり，溶けた金属を耐熱性の砂型に流し込み，固化後に型を壊して製品を取り出す．プラスチックの「射出成形」も溶融状態での加工である．これらの加工方法では液体の材料を流動，変形させ，型の形状を材料に転写して製品形状を得てい

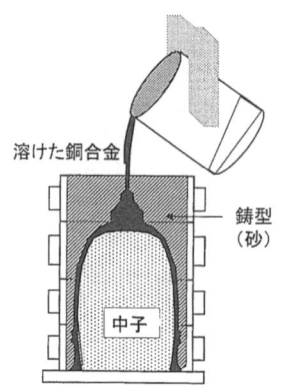

図 1.2　鐘の鋳造

る．粉末成形でも，型の中に金属粉末を入れて圧力を加え変形させ，型の形を転写する．

固体材料であっても粘土のように自由に変形できる性質（可塑性）があると，材料に力を加えて変形させることにより型の形状を転写することが可能である．「鍛造」や「板のプレス成形」では，可塑性の金属に大きな力を加えて変形させ型の形に仕上げる．固体の金属を変形させて加工する方法を「塑性加工」という．

変形加工では加工中に素材重量が変化せず，製品全体の形状が同時に作成され，加工時間は概して短い．自動車や電気製品などの大量生産品のほとんどが，鋳造，プラスチック加工，塑性加工などの型を用いた変形加工で作成されている．しかし，変形加工で型の形状を転写する場合には作成不可能な形状もあり，また材料全体に熱や力を加えるため，製品の精度や表面状態は型の精度や表面状態よりいくらか低下する．このため，変形加工の後で切削などの除去加工で仕上げることが多く，型を用いた変形加工を「単純な形の材料」を作成するという意味で，「素形材加工」と呼ぶこともある．

c. 付加加工

紙を使って工作するときには，切り取った紙を糊で「接着」する．接着による加工は航空機の内装など，非金属材料の工業製品にも多く使用されている．電気工作で用いる「はんだ付け」では，Sn（スズ）と Pb（鉛）の合金である「はんだ」を約200℃で溶かし，接着剤として銅線を接合する．1000℃以上の融点をもつCu（銅）は，はんだ付けの温度では溶けないが，はんだと合金をつくるために接合できる．このように，被加工物の金属を溶かさず，間に挟まる金属だけを溶かして接合する方法を「ろう付け（ろう接）」という．

ビルの建設現場で青白いスパークを出している「アーク溶接」では，図1.3のように溶接棒とともに接合される材料の一部も溶かして，液体の状態で2物体を

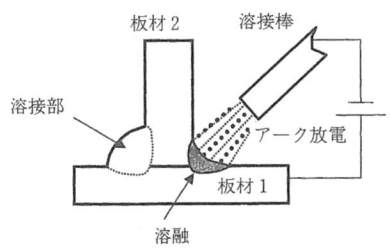

図1.3 アーク溶接

> **コラム**
>
> ### 未来の加工法 —光造形—
>
> 　紫外線を照射すると固化する液体プラスチックに紫外線レーザをあてて走査すると，線状の固化体が得られる．図1.4に示すような装置で多数の平行な線で任意形状の内部の固化層を作成し，さらにそれを積層していく作業を繰り返すと，立体形状を作成できる．この方法は1990年頃から実用化が始まった「光造形」である．これにより，コンピュータを使った設計(CAD)のデータから三次元形状を直接作成でき，設計品の形状の確認に用いられている．試作モデル(プロトタイプ)を速く作成できるため，こうした積層造形方法を「ラピッドプロトタイピング」という．ラピッドプロトタイピングによりCADデータから直接加工が可能であり，将来の情報主導型生産方式であると考えられて，金属製品を作成するような研究開発も行われている．
>
>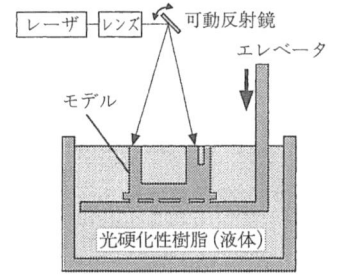
>
> 図1.4　光造形法

一体化した後で冷却，固化して接合する．溶接の接合部は母材とほぼ同じ強度になり，また糊による接着のように時間とともに接合強度が低下することもないため，高い強度と信頼性を必要とする接合には溶接が用いられる．

　金属やセラミックスの粉末を固めた後で高温に保持し，粉末粒子を結合して強固な物体にする「焼結」は，含油軸受けや磁器などの製造で用いる．地図の等高線の形状に紙を切り抜き張り合わせて立体地図をつくる方法を「積層造形」と呼ぶ．最近，機械部品の試作品を作成するため，レーザを用いた積層造形方法が開発された(コラム参照)．

　付加加工の特徴は，形状や材質が異なる材料を組み合わせることができることである．このため，単独の部品や材料では達成できない形状や特性をつくり出すことができるが，接合部の強度が低くなることで問題を生じることが多い．

1.2 身近な製品のつくり方

私たちの周りには「もの」があふれているが，その製造過程を知ることは容易ではない．ここでは，身近な製品の加工方法から生産加工技術の具体的なイメージを示す．

a. プラスチック容器

ポリバケツは加熱すると軟らかくなって，変形しやすくなる性質（熱可塑性）をもっているポリエチレン製である．ポリエチレンなど多くのプラスチック部品は図 1.5 に示す「射出成形」でつくられている．射出成形の原材料はプラスチックの微小な球であり，これを機械に供給し，温度を上げ溶かして金型の中に高圧で押込み形状をつくる．型の中で冷やして固まった状態で取り出し，余分な部分を除いて製品にする．

b. 自動車のボディ

乗用車の車体（ボディ）は厚さ 0.7 mm 程度の薄い鉄板でつくられており，図 1.6 に示すように，プレス機械により鉄板を金型に押し込んで成形する．乗用車ではボディ表面が滑らかであることが重要であるため，「しわ」を生じないように，板面内の全方向に引張力を与えながら変形させる「張出加工」が用いられて

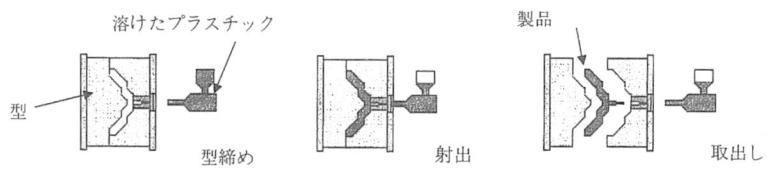

図 1.5 プラスチック容器の射出成形の原理

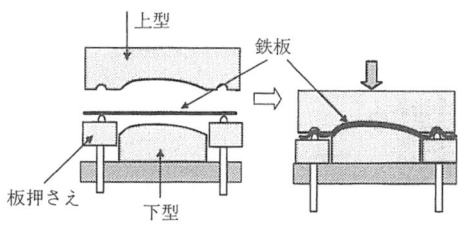

図 1.6 自動車の薄板ボディの張出成形

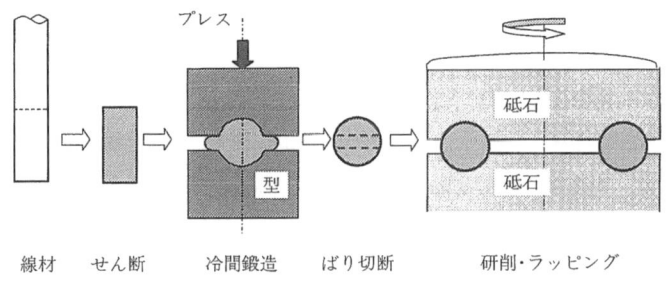

図 1.7 ベアリングボールの製造

いる．成形した板は不要な部分を切り取った後,「スポット溶接」などの溶接法で接合される．

c. ボールベアリングのボール

ベアリングボールやパチンコ玉は，図 1.7 のように線状の鉄鋼材料を切断した素材からつくられる．まず,「冷間鍛造」により円筒状の素材を，はちまき状の「ばり」が出た球の形に変形する．ばりを切断した後，砥石を使った「研削」により形状や寸法を整える．さらに球の表面を「ラッピング」などにより何回も磨き，表面を非常に滑らかにするとともに真円度を高めて製品にする．

d. お 寺 の 鐘

お寺の鐘は銅合金の鋳造品(鋳物)である．図 1.2 に示したように，砂(鋳物砂)でつくった型の内部空間に溶けた金属を流し込むことで造形する．鐘の内側の空洞に対しては，空洞部分の形の砂型(中子)を別につくって，外側の砂型の中にセットする．砂型は 1 回ごとに壊して製品を取り出すため，繰り返し使用できない．鋳造時の流路が固まった部分(湯道)や，型からはみ出た部分(バリ)などを取り除いて，製品にする．

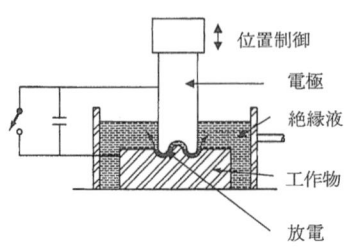

図 1.8 放電加工

e.　金　　型

　金型は身近な製品とはいえないが，身近なプラスチック製品や金属製品のほとんどは金型を用いて加工している．高い寸法精度が求められる金型は，「切削」で加工されることが多いが，硬くて切削できない材料の場合には，図 1.8 に示すように電気スパークにより材料の微小領域を溶融・除去する「放電加工」が用いられる．切削や放電加工で得られる表面の粗さは金型としては十分でないので，砥粒を用いた「ラッピング」で磨いて仕上げる．

1.3　加工方法選択の考え方

　材料や製品の特性によっては，特定の加工方法だけしか使えないことがある．自動車の車体の成形には薄板のプレス加工だけが使用できる．溶融温度が極端に高く原材料が粉末状であるタングステンは，固めて焼結する以外には塊状にする方法がない．材質改善，寸法，精度，表面粗さなどの面でも加工方法の選択の余地がほとんどない場合がある．

　一方，ボルトのような製品は，切削のほか鍛造，鋳造，粉末の焼結などによってもつくることができる．多くの場合，製品材質や寸法精度などの条件を満足する多数の加工方法の中から最も経済的な方法が選択されるが，複数の加工方法を組み合わせてこの目的を達成することもある．多くの製品は鋳造や鍛造などの素形材加工で大まかな形をつくり，その後で切削や研削などの仕上加工により寸法精度を整えている．

a.　経　済　性

　生産活動は経済活動の一環であるため，加工方法の選択にはコストが重視される．どの加工方法が最も経済的なのかは，生産個数により大きく異なる．通常，数万個以上の大量生産においては，生産能率の高い塑性加工や射出成形などの変形加工が経済的である．一方，少量生産には高価な金型を用いる加工方法は適しておらず，単純形状で安価な工具により多様な製品を作成できる切削などの除去加工が有利になる．

b.　製品品質

　製品の品質も加工法選択の重要な要素である．鍛造や板材のプレス加工のように固体の材料を変形する塑性加工では，加工により材質が変化する．材料を高温

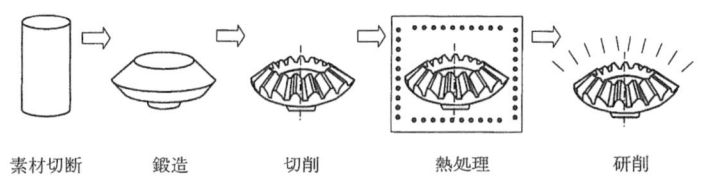

図 1.9 傘歯車の製造工程

に加熱して変形する「熱間塑性加工」では，材料内部の欠陥を押しつぶしたり，結晶粒を小さくしたりするといった材質の改善効果があるため，材質変化が加工の大きな目的でもある．

鋳造や溶接など，材料を溶融して加工する方法は，微小孔や粗大結晶粒の生成などの材質劣化を生じやすい．このため，鋳造や溶接では材質についての欠陥発生を防ぐ新しい加工方法が開発され，使用されている．

多くの工業製品では製品寸法の精密さや表面の滑らかさが重要であり，精度や表面粗さが仕上加工法選択の基準になる．精度が高い製品は切削や研削などで仕上げられるが，表面粗さが小さく滑らかな表面を得るためには，切削や研削の後でラッピングなどの砥粒加工が用いられる．

c. 加工工程

経済的な生産には一度に製品形状を完成するのではなく，多くの段階を経てつくるのが普通であるが，生産の各段階を「工程」と呼んでいる．工程ごとに同じ加工法を繰り返し用いる場合もあるが，異なった方法を組み合わせることが多い．

図 1.9 に傘歯車をつくるための工程例を示す．鋼の棒材を切断して円柱状の素材を作成し，鍛造により円盤状にする．これを切削により歯の部分を作成した後，熱処理で歯を強化し，最後に研削により熱処理によるわずかな変形を修正する．歯車製造では歯車の材質，寸法，精度，個数などによって，最も経済的な工程は異なってくる．

1.4 情報化と生産加工

20 世紀の生産加工は加工設備の大型化，高速化，自動化といった経過をたどったが，21 世紀には情報化が重要な方向であると考えられている．すでに生

産加工には情報化の影響が強く現れているので，その一部を紹介する．

a. 加工機械の情報化

工作機械をはじめ，加工機械の多くはコンピュータ制御で自動化されている．さらに，ロボットの使用などにより加工機械を柔軟に選択し，多様な製品の無人加工が可能な加工システムになっている．このため，大量生産だけでなく中少量生産も経済的に行えるようになった．こうした情報技術の応用は加工機械の制御から広がり，現在では企業全体が情報網に組み込まれるようになっている．最近では国境を越えたグローバルな生産活動が増えており，外国に設置してある加工機械を国内からネットワークを介して遠隔制御し，世界的に最も効率的な生産を行うようなことも考えられている．

b. 生産システムの情報化

設計部門で作成した設計図を製造部門が受け取ってつくり始めるといった従来の生産方式では，加工での問題点を設計へ反映するために時間がかかる．最近，加工費用や加工における問題点を設計の時点で検討するため，設計と製造を統合する「コンカレントエンジニアリング」を応用したシステムが多くなっている．このシステムでは，製造の状況をコンピュータで実現するシミュレーションが重要な役割を果たし，鋳造，鍛造などの加工や組立てのシミュレータが活用されている．図1.10は鍛造のシミュレーション例である．

製造企業ではCAD (computer aided design：コンピュータを用いた設計)で作成した製品の設計データを，シミュレーション (computer aided engineering：CAE)，金型設計・製作，工作機械の制御プログラムの作成 (computer aided manufacturing：CAM)，部品の組立ての不具合チェックといった一連の生産活動に使用するようになっている．

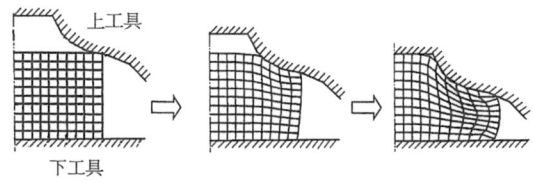

図1.10 鍛造変形シミュレーション例

演習問題

1.1 高品質な製品を経済的に生産するのに必要とされる，基本的な技術要素を列挙せよ．

1.2 自動車や家電製品の製造に，塑性加工技術が多用されている理由を考察せよ．

1.3 生産コストを低減するには，どのような方策が有効かを考察せよ．

1.4 経済統計を用いて，わが国の国内総生産(GDP)の中で，製造業の割合を調査せよ．

1.5 近年の鉄鋼の生産量を重量と金額について調べ，鉄鋼1ton当たりの価格を推定せよ．

2. 加工の力学的基礎

　加工工具や加工機械の設計では加工力，エネルギー，材料流れ，工具の変形や破壊など多くの事項を予測する必要がある．このために加工力などを数式で表し，数値を代入して解を得る「解析法」が使われてきたが，最近ではコンピュータによる「シミュレーション」により詳細な検討が可能になっている．その学問的基礎は，固体の変形に関する材料力学，弾性力学，塑性力学や，熱の発生や移動を取り扱う熱工学の「力学」などである．

　固体に力を加えるとまず弾性変形し，次いで変形が元に戻らない塑性変形になる．固体の力学の基本となる概念は，応力とひずみである．材料力学では引張り，圧縮，曲げといった単純な変形を取り扱う．弾性力学では縦弾性係数を材料特性として，フックの式（応力とひずみの関係）を用いて構造物の解析を行う．塑性力学では変形抵抗を材料特性として，塑性構成式をもとに塑性加工の理論が展開される．

　塑性変形のためになされた仕事のほとんどは熱に変換され，材料の温度上昇を生じさせる．材料中の温度は熱伝導や物体間の熱伝達により変化する．加工では材料の温度と変形・流動が互いに影響し合う複雑な状態であるので，シミュレーションが威力を発揮する．

2.1　単純な変形における応力とひずみ

a. 引張りにおける応力

　「応力」は材料内部の仮想的な面に加わる力の大小を表す尺度である．図2.1のように断面積 A の試験片に引張力 F を加えたときの（垂直）応力 σ は，断面の単位面積に加わる垂直力として，

$$\sigma = F/A \tag{2.1}$$

で定義する．もっと一般的な定義では多くの応力成分が存在するが，ここでは単

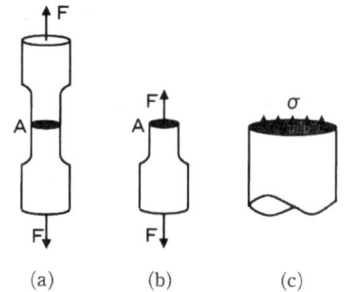

図2.1 引張試験における応力
(a) 引張試験片，(b) 仮想的な面での分離，(c) 応力．

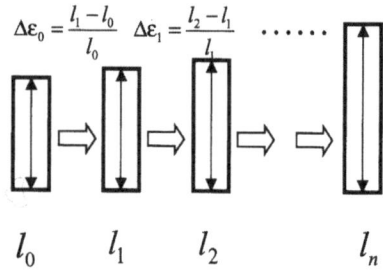

図2.2 引張りにおける大変形でのひずみ

純な引張りと圧縮変形だけを考え，引張応力を正(+)，圧縮応力を負(−)とする．

b. 引張りにおけるひずみ

「ひずみ」は変形の大小を表す尺度で，長さ l の棒が微少量 Δl 伸びると微小ひずみは，

$$\Delta \varepsilon = \Delta l / l \tag{2.2}$$

のように定義される．この式は Δl が l に比べて十分小さいときに有効である．

長さ l_0 の棒が大きく変形して最終的な長さが l_n になったとする．微小な変形に対して定義された式(2.2)をそのまま使用して $\Delta l = l_n - l_0$，分母の l に l_0 を代入して求めた ε_N を「公称ひずみ」という．公称ひずみ ε_N は，引張りにおいて無限に伸びた $l_n = \infty$ のときには ∞ であるのに対し，圧縮では最終長さが0まで縮んだ $l_n = 0$ でも $\varepsilon_N = -1$ であり $-\infty$ にはならない．そこで，大変形が図2.2のように段階的に生じるとして，各変形段階での最初の長さを式(2.2)の分母として，微小なひずみを加え合わせたひずみを定義する．

$$\varepsilon = \frac{l_1 - l_0}{l_0} + \frac{l_2 - l_1}{l_1} + \frac{l_3 - l_2}{l_2} + \cdots + \frac{l_n - l_{n-1}}{l_{n-1}} \cong \int_{l_0}^{l_n} \frac{dl}{l} = \ln \frac{l_n}{l_0} \tag{2.3}$$

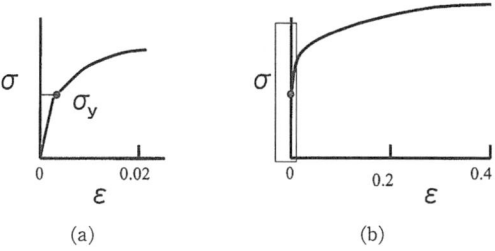

図 2.3 応力-ひずみ曲線
(a) ひずみの小さい部分，(b) 大きいひずみの表示（囲まれた部分が (a) に対応）．

このひずみは引張りの最大値が ∞，圧縮では $-\infty$ になり矛盾を生じない．これを「対数ひずみ」と呼び，引張りおよび圧縮の大変形でのひずみの評価に用いる．

c. 引張りにおける応力とひずみの関係

引張試験での応力と対数ひずみの関係を表したものが，図 2.3 に示す応力-ひずみ曲線である．ひずみが小さい間は，応力 σ とひずみ ε とが比例して変化する弾性変形を生じ，縦弾性係数（ヤング率）E を用いて次のフックの式によって表される．

$$\sigma = E\varepsilon \tag{2.4}$$

同じ応力が加わっても，E が大きい材料では生じる弾性ひずみは小さい．

降伏応力 σ_y を超えると応力はひずみと比例しなくなり，応力を除いてもひずみは 0 にならず「塑性ひずみ」が残る．降伏時のひずみが 0.002 (0.2%) 程度であるのに対し，塑性加工での全ひずみは 0.1〜3 にもなる．図 2.3(b) の四角で囲んだ部分が同図 (a) の表示領域であり，大きな変形では弾性ひずみは無視できる程度であることがわかる．

【例題】 炭素鋼製の長さ 1 m の棒を引っ張ったところ，応力が 21 kgf/mm² で降伏した．$E = 21000$ kgf/mm² として，このときの伸び量を求めよ．

［解答］ $\varepsilon = \dfrac{\sigma}{E} = \dfrac{21 \text{ kgf/mm}^2}{21000 \text{ kgf/mm}^2} = 0.001$,

$\Delta l = l\varepsilon = 1000 \text{ mm} \times 0.001 = 1 \text{ mm}$.

d. 圧縮における応力とひずみ

圧縮においては応力，ひずみの両方が負の値になるが，絶対値をとると引張りとほぼ同じ関係が得られる．すなわち，弾性変形ではフックの式 (2.4) が成り立

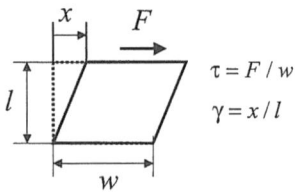

図 2.4 せん断応力とせん断ひずみ

ち，降伏応力の絶対値も引張りと同じである．塑性変形においても，応力とひずみの絶対値をとると，図 2.3 に示した引張りの応力-ひずみ曲線とほぼ重なる．

e. せん断試験

実際の加工では，引張りや圧縮変形だけではなく，図 2.4 のような「ずれ」の変形も生じる．このような変形を「せん断変形」と呼ぶ．図のように高さ l，幅 w の材料が，面に平行な力 F により距離 x だけずれたとき，せん断応力 τ と工学的せん断ひずみ γ は

$$\tau = \frac{F}{w} \tag{2.5}$$

$$\gamma = \frac{x}{l} \tag{2.6}$$

で定義される．せん断試験をすると τ と γ の関係が求まる．せん断変形での降伏応力 τ_y は引張降伏応力 σ_y の約 0.5 倍である．塑性力学によると，大変形ではせん断ひずみ γ の値を 0.5 倍した値が，引張りにおける対数ひずみ ε に相当した変形量である．

2.2 変形抵抗曲線

大きな塑性変形における材料特性を表すため，引張塑性変形での応力を「変形抵抗」とする．変形抵抗とは，変形を与えられることに対する材料の抵抗という意味であり，材料を塑性変形により加工するために必要な力は変形抵抗に比例して高くなる．

変形抵抗は塑性変形量によって異なるが，塑性変形の大きさを表すため，引張りにおける対数ひずみの大きさに相当する値を「塑性ひずみ」とする（ひずみの

コラム

有限要素法 —シミュレーションの方法—

　生産加工では高価な工具のつくり直しをしないようにすることが重要であるが，工具の設計時に加工中の問題発生を予測するため，温度などをシミュレーションで予測するようになった．温度計算の基礎式は偏微分方程式で表されており，これをそのままコンピュータで解くのは困難である．そこで，コンピュータが得意な連立1次方程式で解けるようにしたのが有限要素法である．

　図2.5のように，物体を「要素」と呼ばれる有限個の領域に分ける．要素角部の「節点」の温度を未知数にして連立1次方程式を作成しコンピュータで解くと，節点の温度が求まる．要素内部の温度は，各要素に属する節点の温度から内挿される．未知数の数が数千個もあるのが普通であり，大規模なマトリックス計算が行われる．

　有限要素法は1950年代に航空機の応力計算のために提案され，温度や磁場など偏微分方程式で表される各種の問題に拡張された．大型計算機やスーパーコンピュータなどの発達とともに実用化が始まり，最近ではパソコンでも実行可能になっている．

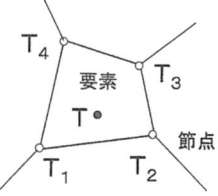

図2.5　有限要素法における要素
（物体の要素分割は図1.10参照）

大きさが弾性ひずみと同じ程度のときにはもっと厳密な定義が必要である）．塑性ひずみに対する変形抵抗の変化を表した曲線を変形抵抗曲線と呼ぶ．

　図2.6に室温における各種金属の変形抵抗曲線を示す．いずれの変形抵抗曲線も塑性ひずみの増加とともに高くなるが，この現象を「加工硬化」という．アルミニウムの変形抵抗は低く，軟鋼の変形抵抗は高い．また，引張試験の変形抵抗曲線と圧縮試験の変形抵抗曲線とはほぼ一致していることがわかる．

　解析において，変形抵抗 Y が塑性ひずみ ε とともに増加する加工硬化を表す式として

$$Y = a\varepsilon^n \tag{2.7}$$

を用いることが多い．ここで n は「n 値」と呼ばれる材料特性である．図2.7に

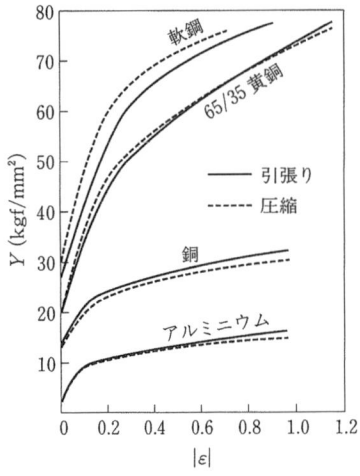
図 2.6 各種金属の室温における低速変形での変形抵抗曲線(工藤)

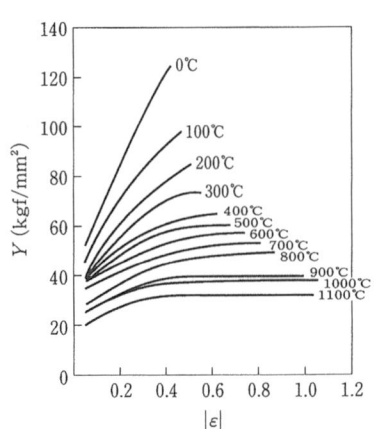
図 2.7 18-8 ステンレス鋼の変形抵抗曲線の温度依存性(小坂田)

示す 18-8 ステンレス鋼の例のように,変形抵抗は一般に温度上昇とともに低下するが,融点の近傍では室温における変形抵抗の 1/10 以下になる.低い荷重で加工するには,材料を高温に加熱すればよいことがわかる.

2.3 脆性,延性,靭性

材料の引張試験では試験片はどこまでも伸びて細くなるのではなく,あるひずみで破壊を生じる.ガラスやセラミックスなどでは,図 2.8 中の (a) のように塑性変形を生じることなく弾性範囲で破壊を生じてしまう.このように塑性変形をしないで破壊する性質を「脆性」という.多くの金属は図中 (b) のように大きな

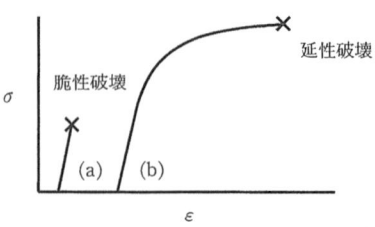
図 2.8 脆性と延性

塑性変形を与えることができる「延性」の特性がある．延性の大きな金属は加工中に破壊を生じにくいので，板のプレス加工のような塑性加工に適している．しかし，切削加工では延性が比較的小さく，切りくずが細かく分断される材料の方が望まれる．

構造材料は高強度でしかも延性の大きい性質「靭性」が求められるが，靭性は材料が破断するまでに吸収するエネルギーの大きさによって表される．通常の金属は高強度にすると延性が小さくなるため，靭性を向上させるのは容易ではない．

2.4 材料試験による加工特性の推定

a. 引 張 試 験

引張試験により，降伏応力，引張強さ，伸び，絞りなどのデータが求められる．引張強さは最大荷重 F_{max} を試験前の断面積 A_0 で割った，

$$\sigma_T = F_{max}/A_0 \tag{2.8}$$

である．引張強さは塑性ひずみ 0.1～0.2 での変形抵抗に近い値であり，変形抵抗の代表値として使用される．伸びは破壊するまでに生じる長さ変化であり，プレス加工性の指標となる．絞りは破断部での断面積の減少率であり，延性の目安として用いられる．

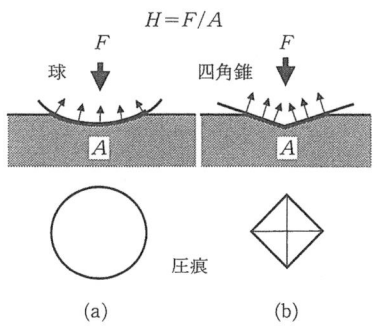

図 2.9 ブリネル硬さとビッカース硬さ
(a) ブリネル硬さ (球形圧子)，(b) ビッカース硬さ (四角錐圧子)．

> **コラム**
>
> ### 深海に落ちた鉛玉は降伏するか？
>
> 　材料に作用する応力が大きくなると，材料は降伏して塑性変形を生じるようになる．鉛の降伏応力は $1\,\mathrm{kgf/mm^2}\,(9.8\,\mathrm{MPa})$ 程度で，1 mm 四方の領域に 1 kgf の力が加わると降伏するため，細いヒールの靴で鉛の板の上を歩くとあとがつくほどである．
>
> 　それでは，深い海の底に鉛の玉を落とすと，鉛の玉は降伏するのであろうか．世界の海の最深部はグアム島の東のマリアナ海溝にあり，10000 m 以上の深さである．この深さの水の圧力を 1000 気圧 $=1000\times1013\,\mathrm{hPa}=10.3\,\mathrm{kgf/mm^2}$ とすると，鉛には降伏応力の 10 倍もの圧力が加わることになるため，降伏して塑性変形を生じそうに思える．
>
> 　塑性変形をすると，鉛玉はどんな形になるのであろうか．等方圧力であるので丸以外の形にはならない．しかも，金属の塑性変形では体積は変わらないので，変形できないことになる．金属の塑性変形は等方圧力では生じない，というのが塑性力学の基本である．

b. 硬さ試験

　ブリネル硬さ (HB) やビッカース硬さ (HV) は図 2.9 に示すように球（ブリネル）や四角錐（ビッカース）の圧子を材料に押し込んだとき，押込み荷重を圧痕の面積で割った値である．これらの硬さ（押込み硬さ）は圧子の接触圧力であり，塑性ひずみ 0.1 程度における変形抵抗の約 3 倍の大きさである．ロックウェル硬さ (HR) は，各種の圧子を一定荷重で押し込んだときに押込み量が小さいほど硬くなるように決めたもので，物理的な意味はもたせていない．C スケール (HRC) は，高硬度の工具の評価に用いられる．

2.5　変形仕事，加工発熱と熱移動

a. 変形仕事

　図 2.10 に示すように一辺が長さ l，体積 l^3 の立方体の材料に，応力 σ を加えた状態で微小なひずみ増加 $d\varepsilon$ を生じさせるときの仕事量を考える．仕事は「力×変位」で定義されるので，作用している力が σl^2，変位が $l d\varepsilon$ であるときの仕事量は $\sigma l^3 d\varepsilon$ である．これにより材料の単位体積当たりにした仕事量 dw（比仕事）

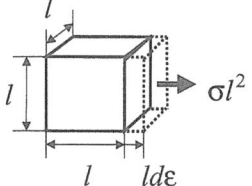

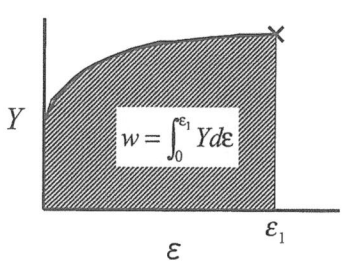

図 2.10 立方体を微小変形するための仕事

図 2.11 変形抵抗曲線と比塑性仕事

は，仕事量を体積で割って，

$$dw = \sigma l^3 d\varepsilon / l^3 = \sigma d\varepsilon \tag{2.9}$$

となる．ひずみ 0 の材料を ε_1 まで変形するときの比仕事は，式 (2.9) を積分して，

$$w = \int_0^{\varepsilon_1} \sigma d\varepsilon \tag{2.10}$$

である．弾性変形においては，ひずみ ε_1 での応力を σ_1 とすると，式 (2.4) を用い，

$$w = \int_0^{\varepsilon_1} \sigma d\varepsilon = \int_0^{\varepsilon_1} E\varepsilon d\varepsilon = \frac{1}{2} E\varepsilon_1^2 = \frac{1}{2} \sigma_1 \varepsilon_1 \tag{2.11}$$

である．弾性変形の仕事は弾性エネルギーとして材料内部に蓄えられる．

大きな変形の一軸引張りにおいて，弾性ひずみを無視し塑性ひずみだけを考えると，応力 σ は変形抵抗 Y と一致するので，ひずみ 0 の材料を ε_1 まで変形するときの比仕事は，

$$w = \int_0^{\varepsilon_1} Y d\varepsilon \tag{2.12}$$

になる．この積分は図 2.11 に示すように変形抵抗曲線の下の面積を求めることである．

b. 変形による発熱

塑性変形仕事の90%程度（$\beta \cong 0.9$）は熱として放出され，材料の温度上昇に用いられる．断熱的な変形を考え，W(N・m)を塑性仕事（$W=w\times$物体体積）とすると，温度上昇は，

$$T = \frac{\beta W}{mC} = \frac{\beta w}{\rho C} \tag{2.13}$$

となる．ただし，m(kg)は考えている物体の質量$=\rho$（密度）$\times$物体体積，C(J/kg・K)は比熱とする．大きな塑性ひずみを生じる切削加工や塑性加工では，数百℃程度の材料の温度上昇が観察されることが多い．

【例題】 変形抵抗Yが50 kgf/mm²で一定の炭素鋼（$\rho=7800$ kg/m³，$C=462$ J/kg・K）をひずみ1.0まで断熱的に塑性変形したときの温度上昇を求めよ．ただし，$\beta=0.9$と仮定せよ．

[解答] 各種の単位が用いられているので，単位をSI単位にそろえる．1 m³の体積の変形仕事は式(2.12)より$w=50$ kgf/mm²$\times 1.0=50\times 9.8$ N/mm²$=50\times 9.8\times 10^6$ N/m²である．これを式(2.13)に代入し，1 N・m=1 Jの関係を用いると次のように温度上昇が求まる．

$$T = \frac{0.9\times 50\times 9.8\times 10^6 \text{ N/m}^2}{7800 \text{ kg/m}^3 \times 462 \text{ J/kg・K}} = 123 \text{ K}$$

c. 熱 伝 導

材料の内部で高温側から低温側に熱が伝わる現象を「熱伝導」という．図2.12に示すように，距離Δxでの温度差をΔT，熱伝導率をkとすると，単位時間に単位面積を通して伝わる熱量（熱流束）qは温度勾配に比例し，次のようになる．

$$q = k\frac{\Delta T}{\Delta x} \tag{2.14}$$

温度の異なる2物体が接触しているとき，表面を通して一方から他方に熱が伝わる現象を「熱伝達」という．熱伝達における熱流速は，両方の物体の温度差に比例する．表面粗さや両面の間の酸化膜や潤滑剤の有無によっても，熱伝達の量は異なる．

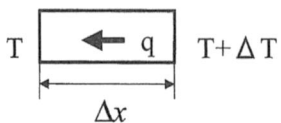

図2.12 熱伝導のモデル

【例題】 200℃の液体を厚さ 1 mm の銅板を介して冷却する．冷却側を 20℃に保つものとして，1 秒間，1 cm² 当たりの熱伝導による熱の移動量を求めよ．ただし，銅の熱伝導率は $k=395$ W/m·K とする．

[解答] $\dfrac{\Delta T}{\Delta x} = \dfrac{180 \text{ K}}{1 \text{ mm}} = \dfrac{180 \text{ K}}{0.1 \text{ cm}} = 1800$ K/cm,

$q = 395 \times 10^{-2}$ W/cm·s·K $\times 1800$ K/cm $= 7110$ W/cm².

演習問題

2.1 長さが 10 cm の棒を加工して 1 m に引き伸ばした．変形が均一に生じたものと仮定して，対数ひずみを計算せよ．伸びた棒に同じ大きさの対数ひずみを圧縮で生じさせると，棒の長さはどのようになるか．

2.2 公称ひずみと対数ひずみの差が 10% 程度になる公称ひずみを求めよ．

2.3 3次元応力状態を記述するために用いられる応力テンソルについて調査せよ．

2.4 鉛の変形抵抗を測定して，以下のデータを得た．式 (2.7) の a と n を決定せよ．

対数ひずみ	変形抵抗 (MPa)
0.2	18
0.4	21
0.6	24
0.8	26

2.5 変形抵抗がひずみによらず 700 MPa で一定である Ti（チタン）を対数ひずみ 3.0 まで変形したとき，熱伝導がないとすると温度は何度上昇するか．

3. 金属材料の加工特性

　自動車を例にとって，工業製品に用いられている材料をみてみよう(図3.1)．車体や部品の多くは鉄鋼材料によりつくられており，エンジンの部分にはアルミニウム合金が，また配線など電気系統には銅が多く使用されている．こうした金属材料のほかにプラスチック，ガラス，ゴム，セラミックス，繊維などの非金属材料も用いられている．

　金属材料は日本で1年間に約1億トン製造されている．全金属生産量のうち鉄鋼材料が重量で約95%(金額で約85%)を占めている．次いでアルミニウムが約2%，銅が約1.5%などであり，他の金属はさらに少量である．

　使用材料の選択は，材料の機能と経済性の両方を考えて行われる．建物，船舶などの構造物や自動車などの消費財には，低価格で加工性や機械的特性の優れた鉄鋼が主に用いられ，航空，宇宙，原子力などの産業では，高価格ではあるが高機能で特殊な金属が重要な役割を果たしている．

　金属の加工特性としては，弾性係数，強度や延性といった力学的な特性のほか比重，熱伝導率，電気抵抗，融点なども重視される．金属において塑性変形が生

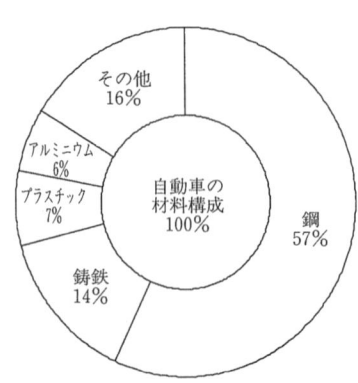

図3.1　自動車の材料構成

じるのは原子配列の欠陥である転位が動くためであるが,動けなくなった転位の堆積が加工硬化の原因になっている.金属は温度によって回復,再結晶,溶融,蒸発などの状態変化を生じ,また熱処理によって使用時の材質が大きく変化する.

3.1 鉄 鋼 材 料

a. 炭 素 鋼

使用される鉄鋼の90%近くは,Fe(鉄)にC(炭素)のみを意識的に入れている「炭素鋼」である.炭素鋼の使用量が多いのは,価格が非常に低いにもかかわらず,炭素量や熱処理だけで幅広い特性が得られるからである.図3.2に炭素含有率と引張試験の引張強さ(強度),伸び,絞り(延性),ブリネル硬さの関係を示す.Cの含有率が低いと低強度で高延性であるので,板のプレス加工などが容易である.炭素が多くなると延性が小さくなって加工が難しくなるが,製品の強度は高くなる.このようにCの量で機械的性質が大きく異なるのは,材料中のCが非常に硬い炭化物の形で存在するためである.

炭素含有量が0.25(質量)%までの炭素鋼を「軟鋼」,または「低炭素鋼」と呼

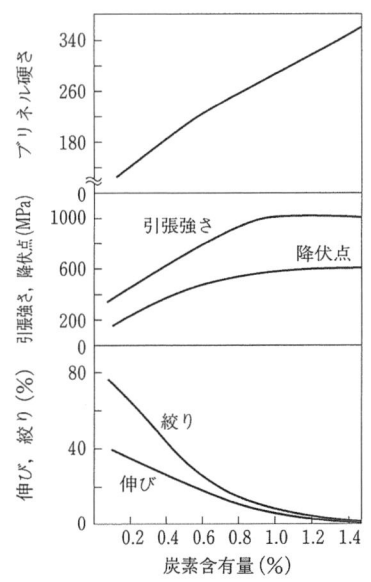

図3.2 炭素鋼の炭素含有量による機械的性質の変化

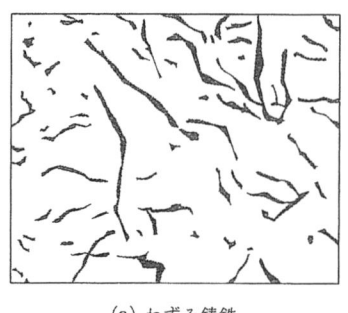 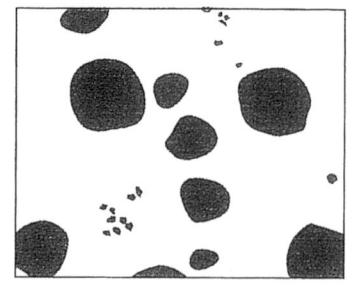

(a) ねずみ鋳鉄　　　　　　(b) 球状黒鉛鋳鉄

図 3.3　鋳鉄の金属組織

ぶ．船舶の鉄板や橋げたには延性と耐食性が，また自動車のボディや缶詰用の缶は加工性が求められることから軟鋼が用いられる．0.25～0.45％C 鋼を「中炭素鋼」といい，強度と延性とのバランスがよいので機械部品の多くに用いられる．0.45～1.5％C の「高炭素鋼」は，硬さの必要な刃物類やピアノ線に使用されている．

b. 鋳　　鉄

鋳鉄は C を 2～5％ 含む Fe との合金である．同じように Fe と C の合金である炭素鋼では C は硬い炭化物として存在するが，鋳鉄には Si（ケイ素，シリコン）も 1～5％ 含まれているため，C は炭化物にはならずに軟らかい黒鉛として析出する．通常の鋳鉄では黒鉛の形状は図 3.3(a) のように薄い片状（板状）であり，このような鋳鉄を破面の色より「ねずみ鋳鉄」と呼ぶ．この鋳鉄は切削しやすいが，延性はほとんどない．ねずみ鋳鉄は黒鉛が潤滑作用をして耐摩耗性があり，振動の減衰能がよいため工作機械のベッドなどに多く用いられている．鋳鉄に少量の Mg（マグネシウム）や Ce（セリウム）などを入れると，黒鉛が図 3.3(b) のように球状化し，応力集中が緩和されて延性のある材料になる．これを「球状黒鉛鋳鉄」という．

c. 合　金　鋼

炭素鋼を強化するために炭素含有量を増加させると，延性が著しく低下する．また，大型部品の焼入れ，焼戻し処理において不均一な硬さ分布になる．さらに炭素鋼はさびやすいのも問題である．こうした炭素鋼の欠点を補うために合金成分を加え材質を改良したのが，「合金鋼」である．合金鋼は合金成分が 10％ 以下

の低合金鋼と，10％以上の高合金鋼に分けることができる．その目的は，①焼入れの均一化，②高強度・高延性，③高い焼入れ強度，④耐食性 (例えば 18％Cr-8％Ni ステンレス鋼)，⑤高温強度などである．

3.2 非 鉄 金 属

a. アルミニウムとその合金

Al (アルミニウム) 系の材料は軽量で耐食性があり，しかも電気や熱の伝導がよいことにより，家庭用品から航空機まで多方面で使用されている．純 Al の強度は低いので，Cu (銅)，Mg，Si，Zn (亜鉛) などを加えた合金の形で使用することが多い．多くのアルミニウム合金は変形抵抗が低く，延性もあるので加工しやすい．しかしその酸化膜 Al_2O_3 は強固で溶融温度が高い (2015℃) ため，溶接はしにくい．ジュラルミン (Al-Cu-Mg や Al-Zn-Mg-Cu 合金) は引張強さが炭素鋼とほぼ同等で，航空機などに用いられている．

b. 銅と銅合金

Cu (銅) は熱および電気の導体として多く用いられ，また耐食性金属としても知られている．強度は Al と鋼の中間程度である．純銅は延性に富み，工具との摩擦が低いので加工しやすい．Cu に Zn を加えた「黄銅」では，Zn が多くなると強度は高くなるが，延性の低下をまねく．Zn の含有率が約 35％ までのものを α 黄銅，それ以上のものを β 黄銅と呼ぶ．強度と延性のバランスを考えて 40％ Zn (4-6 黄銅) が多く用いられている．その他の銅合金として青銅 (Cu-Sn)，ベリリウム銅 (Cu-Be) などがある．

c. その他の金属

Mg は実用金属で最も比重が小さく，合金にすると強度もあるため，使用が増加している．Ti (チタン) は生体適合性があり人工骨などに，チタン合金は比重が小さく高強度であるので航空機に多く用いられる．Ni (ニッケル) は耐熱性があり，その合金であるハステロイ (Ni-Fe-Mo)，ニクロム (Ni-Cr)，インコネル (Ni-Cr-Fe) などは耐熱性金属である．これらの金属はいずれも加工が困難で高価であるため，特殊な用途にのみ用いられる．

3.3 金属の特性

a. 金属の物理的性質

表3.1に代表的な金属の縦弾性係数(ヤング率),密度,熱伝導率,比熱,電気抵抗,融点,沸点を示す.弾性係数が大きいと,一定の力を加えたときの変形量は小さい.塑性加工では素材や工具の弾性変形量も無視できず,加工製品の精度は工具や素材の弾性係数により変化する.W(タングステン)は大きい弾性係数をもつのに対し,Alの弾性係数は小さい.高弾性係数の材料には高強度で高融点のものが多く,低弾性係数の材料は軟らかく低融点のものが多い.熱伝導率が大きい材料は冷却性能が高く,小さい材料は冷却しにくい.Cuは熱伝導率が大きいため各種の冷却装置に用いられ,Tiは熱伝導率が小さく,加工中に温度が上昇しても冷却するのが困難である.溶融温度の最も高いのはW(約3400℃)で,溶接の電極のように非常に高い温度になる部分にはWが用いられる.

表3.1 主な金属の物性値

金属	弾性係数 (GPa)	密度 (kg/m³×10³)	熱伝導率 (W/m·K)	比熱 (J/kg·K)	電気抵抗 (Ω·m×10⁻⁸)	融点 (K)	沸点 (K)
Al	72	2.70	220	903	2.65	933	2723
Cu	110	8.96	395	399	1.67	1356	2868
Fe	200	7.87	76	462	9.71	1810	3273
Mg	45	1.74	154	1029	4.45	923	1443
Pb	14	11.36	35	129	20.65	601	1998
Ti	118	4.51	22	521	4.20	1941	3533
W	350	19.30	167	139	5.65	3683	6023

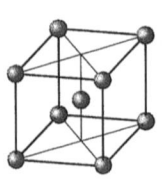 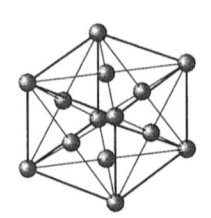 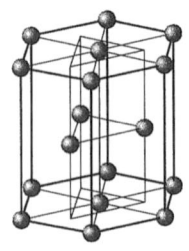

(a) 体心立方格子　　(b) 面心立方格子　　(c) 稠密六方格子

図3.4 金属の結晶構造

b. 結　　晶

　金属の特徴は，原子が規則正しく並んだ結晶構造をもっていることである．原子間隔は 1 mm に 500 万個の原子が並ぶ (約 2 Å $= 2\times10^{-10}$ m) ほど小さい．原子の立体的な並び方には図 3.4 のような種類があり，金属の基本的性質はこの結晶構造によって決定される．

　面心立方格子の結晶構造をもつ金属としては，Al，Cu，高温における鉄 (γ-Fe) など多くのものがある．体心立方格子の結晶構造をもつ金属としては，室温における鉄 (α-Fe)，W などがある．稠密六方格子の結晶構造をもつ金属は Mg，Zn，Ti などであるが，比較的少ない．金属の結晶格子の構造はこれら以外にもあるが，実用金属のほとんどは上記 3 種類の構造のいずれかである．

　材料全体が一つの結晶からなるものを「単結晶」と呼ぶ．通常使用する金属は直径 10〜100 μm の結晶粒が集まった「多結晶」である．多結晶金属を磨いた後，表面を腐食して顕微鏡でみると，図 3.5 のような結晶粒界が観察できる．結晶粒

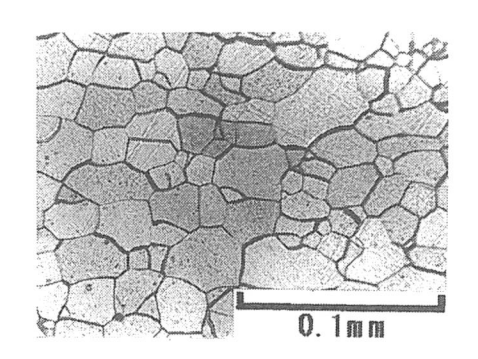

図 3.5　自動車外板用の極低炭素鋼板の光学顕微鏡組織

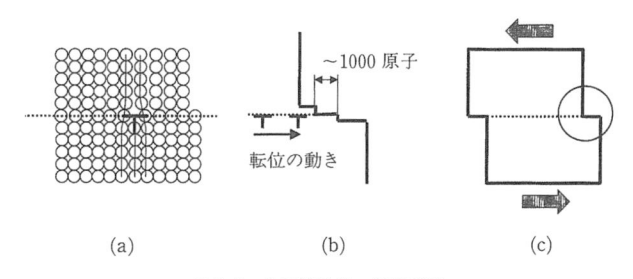

図 3.6　金属単結晶の塑性変形
(a) 原子レベルの転位，(b) 顕微鏡レベルのすべり帯，(c) 肉眼レベルのせん断．

の大きさを小さくすると，延性を低下することなしに強度を高めることができるため，金属の製造では結晶粒を微細化して材質を向上させるようにしている．

c. 転位と塑性変形

図3.6(a)のように規則的な原子の並びが途中でずれている欠陥を「転位」という．転位は線状(この図では奥行き方向)につながっており，材料に力が加わると転位の位置が変わる．金属の塑性変形は転位が結晶の内部で移動することによって生じ，転位が結晶を横切ると1原子間隔(約2Å＝2×10^{-10} m)だけすべりが生じる．多くの転位が一つの面上を動くため，せん断変形を与えた単結晶を顕微鏡で観察すると同図(b)のように階段状のすべり面が形成され，肉眼では(c)のようにせん断面がみえる．

塑性変形が進行すると，結晶粒界などの障害物にじゃまされて動けなくなった転位が堆積し，これが他の転位の動きを妨げるようになる．このため，塑性変形を続けるために大きな応力が必要になるが，2.2節で説明した加工硬化は，動けなくなった転位の密度が増大するために生じるものである．

3.4 温度による金属の変化

a. 変態と材質

温度の変化によって，金属の結晶構造が変化する「変態」を生じることがある．加熱した炭素鋼を冷却すると，800〜900℃(炭素量により異なる)で面心立方晶のオーステナイト(γ-Fe)から体心立方晶のフェライト(α-Fe)に変化し始め，721℃で変態が完了する．γ-Feは多くのCを「固溶」(原子格子の中に入れ込む)するのに対し，α-FeはCを0.02%しか固溶しない．固溶限度以上のC原子はFeとの化合物「セメンタイト(Fe_3C)」をつくる．例えば0.4%C鋼ではセメンタイトは約6%の体積率である．セメンタイトは非常に硬いので，その量の増大とともに鉄鋼の強度が高くなる．

b. 熱処理

炭素鋼を高温のγ-Feから冷却する場合，冷却速度によってセメンタイトの形態が大きく異なる．炉の中でゆっくり冷却する「焼なまし(焼鈍)」により，セメンタイトとフェライトが層状になった「パーライト」と呼ばれる組織になる．図3.7に炭素鋼の炭素含有量による金属組織の変化を示す．Cが少ないとほとんど

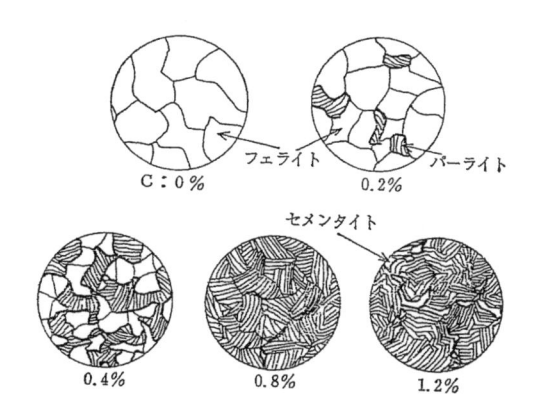

図3.7 炭素鋼の炭素含有量と金属組織

が白いフェライトであるが，Cの増加とともにパーライトが増加し，0.8%Cで全体がパーライトになる．

　速く冷却されるとセメンタイトの大きさは小さくなる．炉から出して大気中で徐冷する「焼ならし(焼準)」では，焼なましより強度の高い材料が得られる．水で急冷する「焼入れ」では，セメンタイトの析出ができず「マルテンサイト」という非常に硬い組織になるが，内部ひずみが大きすぎて割れやすくなる．このため，焼入れ後には「焼戻し」と呼ばれる再加熱を行い，ねばさ(靭性)を高める処理をする．

c. 回復，再結晶および熱間加工

　加工によって転位密度の高くなった金属を $0.3 \sim 0.5\,T$ (T は絶対温度 K で表した融点)に加熱すると，転位の移動が容易となり一部の転位が消滅し材料が軟化する．これを「回復」という．$0.5\,T$ 以上になると，図3.8のように新しい結晶粒ができる「再結晶」を生じる．再結晶した材料は未変形材と同じように軟ら

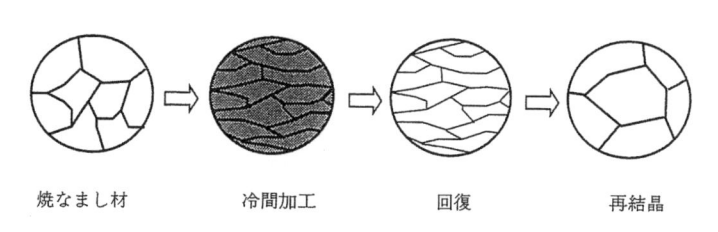

図3.8 冷間加工と回復，再結晶

> **コラム**
>
> ### パーライト
>
> 炭素を1.1％含む炭素鋼は図3.9に示すようにフェライトとセメンタイトが層状に並んで析出(共析)したパーライト組織になる．その光沢からパール(真珠)の名をとりパーライトと名づけられた．これから細い線にする引抜き加工と熱処理を組み合わせた処理(パテンティング)により，非常に高強度な線が得られる．最初はピアノ線と呼ばれピアノの弦に使用されていたが，最近では長大橋をつるすワイヤロープや，ラジアルタイヤの補強ワイヤとして使用されている．
>
> 0.5 μm
>
> 図3.9　1.1％C鋼のパーライト組織

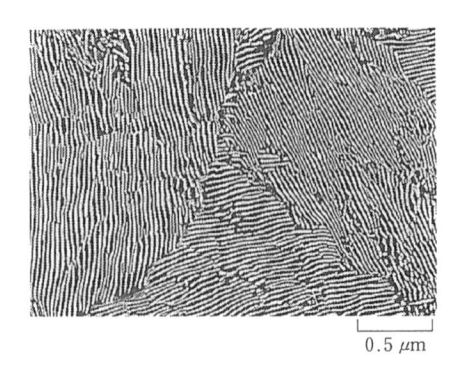

かく，延性がある．鉄鋼材料の再結晶温度は600〜700℃，Cuは約300℃，Alは約200℃であり，Pbは室温で再結晶する．

再結晶温度以上で金属を加工すると，加工中に再結晶が進行し，加工後の材料には加工硬化が残らない．金属学では再結晶温度以上での加工を「熱間加工」，再結晶温度以下の加工を「冷間加工」と分類する．しかし，実用的には室温での加工を「冷間加工」，再結晶温度以下に加熱した場合を「温間加工」と呼んでいる．

d. 焼　結

材料内部に空隙をもたせて油だめとする軸受けは，粉末から製造する．金属粉末から作成する部品も多く，粉末に関する金属学が粉末冶金である．金属粉末は霧吹きの原理(噴霧粉)や電気分解(電解粉)で作成する．型の中で粉末を圧縮し，相対密度が50〜90％の圧粉体を0.6〜0.7Tで長時間保持する「焼結」を行

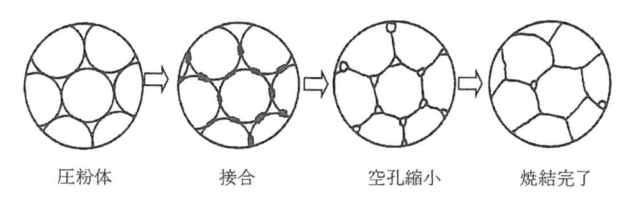

図 3.10 焼結の進行

うと，強く結合し収縮して密度が上昇する．鉄系の金属は 1100℃ 程度で 10〜30 時間保持して焼結する．圧粉体の密度分布が不均一であると焼結において変形するため，できるだけ均一な密度に圧粉する．

焼結では図 3.10 に示すような過程を経る．まず原子の拡散により粉末粒子が一体化して接合され，さらに高温で保持すると表面張力の作用で空孔が縮小して密度が高くなる．材料の強度は密度上昇とともに高くなるので，焼結により製品強度が高くなる．

e. 溶融と蒸発

純金属が溶融温度に達すると固体から液体に変化するが，溶融するための熱（潜熱）が必要である．合金では溶融開始温度と完全溶融温度が異なり，「半溶融（チクソ）」状態が存在する．溶融金属が気体を多く溶かし込むのに対し，固体の金属はほとんど気体を溶かさないため，溶融した金属を固化すると気体が微小孔として出てくる．

溶融金属がさらに加熱されて沸点に達すると蒸発する．表 3.1 に示したように，Al の沸点は 2723 K，Fe の沸点は 3273 K と非常に高いが，エネルギー密度の高いレーザビーム加工や PVD 処理（12.5 節参照）などでは金属の蒸発が生じている．

演 習 問 題

3.1 設計時に材料選択を行う際，金属材料の種々の特性を考慮する必要がある．材料を選ぶときに考慮すべき特性をあげよ．

3.2 図 3.2 において，炭素量とともに 0.8%C まではほぼ直線的に硬さが増加している．その機構を説明せよ．

3.3 鉄鋼材料は同一成分の素材を用いても，加工熱処理などにより大幅に強度を変化（制御）させうるため，リサイクルにも有利とされる．(1) 結晶粒の微細化および (2) 変態組織の生成（ベイナイト，マルテンサイト）などが強化機構として考えられる．

それぞれの機構，特徴を調べよ．
3.4 鋳鉄にはいくつかの特徴があり，根強い需要がある．その理由の一つは，振動減衰能が大きいことにある．その機構を説明せよ．
3.5 金属間化合物について調査せよ．

4. 表面状態とトライボロジー

　機械工場が潤滑油を連想させるように，摩擦と潤滑は加工の基本的な課題である．しかし，潤滑剤が環境に放出されるのは好ましくなく，少量の潤滑剤で効果的な潤滑を行うことが必要である．摩擦，摩耗，潤滑などに関する学問を「トライボロジー」という．塑性加工では工具と素材の滑りにより工具摩耗，工具への素材の焼付き，摩擦による加工力の増大などの問題を生じ，良好な潤滑を行うことが不可欠である．切削では新生面が高速で滑るために工具が急速に摩耗するので，摩耗しにくい工具材料の開発が行われてきた．

　摩擦や摩耗の現象は，2面の接触の微視的な機構により説明される．表面には粗さの凹凸が存在するため，硬さの異なる2面が接触すると，硬い材料の凸部が軟らかい材料に押し込まれ，表面の一部だけが真実接触をする．真実接触部での挙動により摩擦や摩耗を説明することができる．また，油で潤滑をすると，摩擦の低い境界潤滑膜が表面に生成されるとともに，潤滑剤に生じる圧力の効果で真実接触面積が低下し，摩擦が低くなる．

4.1 金属の表面と接触

a. 金属表面の構造と表面粗さ

　切削などでつくられたばかりの表面や真空中に長時間おかれた表面は，金属原子が表面に露出して反応性が高い．しかし通常の環境におかれた金属表面は，酸

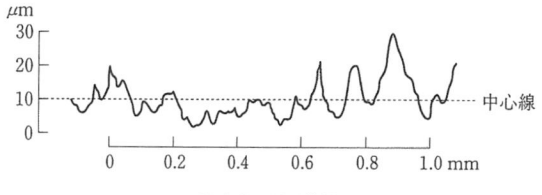

図 4.1　断面曲線

化膜や空気中の浮遊物質を吸収した膜などで覆われている．表面近傍の金属の微視的構造は表面がつくられたときの温度や塑性変形などの履歴によって大きく異なる．多くの場合，加工硬化して転位密度が高く，微細な割れなどの欠陥を含んだ加工変質層が表面近傍に生じている．

金属表面にはわずかな凹凸が存在し，鏡面にまで磨いても $0.01\ \mu m$ 以下の凹凸をなくすことはできない．図4.1は粗さ計で測定された表面形状，「断面曲線」である．この図では縦軸を1000倍，横軸を100倍にして記録しているので，実際の凹凸はずっと平坦である．周期の長い「うねり」の成分を断面曲線から取り除いたものが「粗さ曲線」であり，粗さの値は次のようにして求める．

算術平均粗さ(Ra)：粗さ曲線から中心線（面積がその両側で等しくなる直線）方向に長さ l の部分を抜き取り，中心線を x 軸にとって粗さ曲線を $y=f(x)$ で表したとき，次式で与えられる値を μm 単位で表したもの．

$$Ra=\frac{1}{l}\int_0^l |f(x)|dx \qquad (4.1)$$

最大高さ(Rz)：断面曲線から基準長さだけを抜き取り，中心線に平行な2直線で挟んだときの2直線の間隔を μm 単位で表したもの．

b. 真実接触面積

凹凸のある2平面を接触させた場合，本当の接触は図4.2のように凸部頂上近辺のみで生じるにすぎない．一方が粗くて硬い材料であり，他方が平坦な軟らかい材料であるとすると，硬い材料の凸部が軟らかい材料へ押し込まれ，接触部近傍で塑性変形を生じる．接触圧力は2.4節で説明した押込み硬さの値程度である．見かけの接触面積を A，真実接触面積を A_r とすると，「真実接触率」β は次のように定義される．

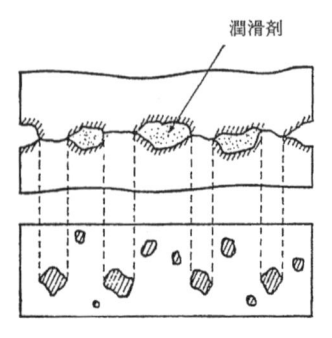

図4.2 金属面の真実接触のモデル

$$\beta = \frac{A_r}{A} \tag{4.2}$$

2.4節で説明したように,押込み硬さの値は接触部における接触圧力(kgf/mm²)である.真実接触部での接触圧力を硬さの値と同じであると仮定して,荷重 P(kgf) を硬さ H(kgf/mm²) と真実接触面積 A_r mm² により表すと次のようになる.

$$P \cong HA_r = \beta HA \tag{4.3}$$

式(4.2),(4.3)から β は次のようになり,通常きわめて小さい値である.

$$\beta \cong P/HA \tag{4.4}$$

【例題】 押込み硬さ $H = 200$ kgf/mm²,面積 $A = 1000$ mm² の2平面を荷重 $P = 100$ kgf で接触させた.このときの真実接触面積,真実接触率を求めよ.

［解答］ $\beta = 100$ kgf$/(200$kgf/mm² $\times 1000$ mm²$) = 0.0005$,
 $A_r = 0.0005 \times 1000$ mm² $= 0.5$ mm².

c. 垂直力と摩擦力

「クーロンの法則」または「アモントンの法則」と呼ばれる摩擦則は,「摩擦抵抗 F は見かけの接触面積に関係なく垂直力 P に比例する」というものであり,摩擦係数 μ を用いて,

$$F = \mu P \tag{4.5}$$

と表される.普通の条件下ではこの法則はよく成り立つと考えられている.

物体を斜面にのせ,斜面の角度を増加していったとき角度 θ で滑り出すとすると,摩擦係数 μ と角度 θ の間には,

$$\tan \theta = \mu \tag{4.6}$$

の関係が成り立ち,θ を摩擦角という.

真実接触部での摩擦応力 τ_f が一定であるとすると,摩擦力 F は τ_f と真実接触面積 A_r の積であるので,次のように表される.

$$F = \tau_f A_r \tag{4.7}$$

この式と式(4.3),(4.5)を用いると次式を得る.

$$\mu = \frac{F}{P} = \frac{\tau_f A_r}{HA_r} = \frac{\tau_f}{H} \tag{4.8}$$

このように,摩擦係数が見かけの接触面積 A によらず一定になることが説明できる.

4.2 摩　　擦

a. 凝着摩擦

　真実接触部で両面の原子が格子間隔程度まで近づくと原子間引力(ファンデルワールス力,凝着力)が作用し,この引力に抗して原子を動かす抵抗により摩擦力が生じるが,これを「凝着摩擦」という.
　大気中では表面が酸化膜や汚染膜で覆われているので,原子間引力は金属原子どうしの凝着力より小さい.高真空中では酸化膜が生じないので,大きな結合力が確認されている.温度が高くなると原子の拡散が活発になり,凝着を生じやすくなる.表4.1に乾燥空気中における摩擦係数の測定例を示すが,同種金属の組合せでは原子間力が大きいため,異種金属の組合せに比べて高摩擦を示すことがわかる.

b. ひっかき摩擦

　凹凸のある二面を接触させて力を加えると,真実接触部で硬い方の金属が軟らかい方の金属に押し込まれ,軟らかい金属が塑性変形している.ここで両面を滑

表4.1　各種金属の乾燥空気中における摩擦係数

	金　属	平均動摩擦係数
異種金属	Ag - 軟鋼	0.3
	Mo - 軟鋼	0.4
	Ni - 軟鋼	0.4
同種金属	Ag - Ag	1.7〜2.0
	Fe - Fe	0.8〜1.0
	Mo - Mo	0.8
合金どうし	軟鋼 - 軟鋼	0.5〜0.8
	焼入れ鋼 - 焼入れ鋼	0.5〜0.7

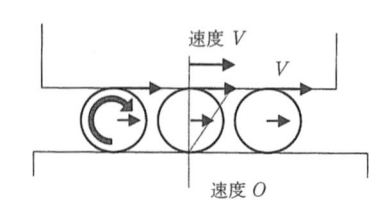

図4.3　転がり摩擦

コラム

スティックスリップ運動

　動摩擦と静摩擦の差が大きいとき，図4.4のように弾性体を通してスライダに力を加えると，間欠的に滑ったり止まったりする運動を生じる．この運動をスティックスリップ運動と呼び，工作機械の位置決めが正確にできない原因になる．

　スライダが静止した状態でバネ（弾性体）を一定速度で押していくと，バネに加わる力が増加していき，力が静摩擦の限界値を超えるとスライダは動き出す．静摩擦から動摩擦に移り摩擦力が減少すると，バネ力の方が摩擦力より大きいためにスライダに加速度が与えられ，スライダの速度が増す．バネを押す速度よりスライダの方が速くなると，バネが伸びてスライダを押す力が減少するようになり，スライダは止まる．バネを一定の速度で押し続けるとスライダは再び動き出し，間欠運動を繰り返す．

　この現象は滑りにおける静摩擦と動摩擦での摩擦力の差によって生じるものであるため，転がり摩擦を生じるようにしたり，スライダを空気圧などで浮き上がらせたりして，すべり摩擦をほとんどなくすようにするなどの方法で対処している．

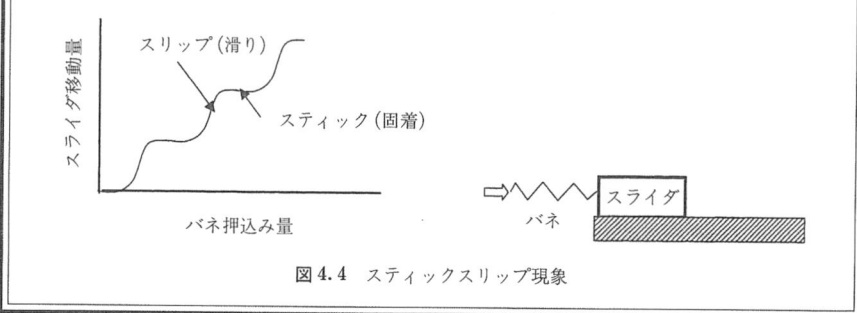

図4.4　スティックスリップ現象

らせると，押込み部が軟らかい方の金属をひっかきながら進み，摩擦力を生じる．この摩擦を「ひっかき摩擦」といい，硬い方の金属の表面が粗くなるほど摩擦力は大きくなる．

c. 静摩擦と動摩擦

　接触している面に平行な力（せん断力）を加えたとき，せん断力が凝着力などより小さい間は滑りを生じない「静摩擦」である．せん断力が限界値を超えると凝着部を引き離して滑りを生じるようになるが，このときの摩擦が「動摩擦」である．通常，静摩擦の限界の摩擦力は動摩擦の摩擦力より大きく，滑りを生じる

ようになると摩擦力は下がる．

d. 転がり摩擦

2面の間に球や円筒などの回転体を挿入すると，ボールベアリングのように摩擦が低下する．これは図4.3に示すように，各々の面と回転体とは相対すべりがほとんどなく，摩擦力のきわめて小さな静摩擦になっているためである．これを「転がり摩擦」という．工作機械などでは転がり機構を用いた軸受けやローラが多用されている．

e. 摩擦熱と焼付き

摩擦仕事のほとんどは熱になり，摩擦面を加熱する．潤滑の乏しい場合には数百℃もの温度上昇になる．表面が高温になると凝着を生じやすくなり，軟らかい方の金属の一部がはがれて硬い方の金属に移着する現象を生じるが，これを「焼付き」と呼ぶ．部分的にでも焼付きが発生すると，しだいに成長して接触面全体が損傷を受けるようになる．

4.3　潤　　滑

潤滑を行うことにより摩擦応力が低下する原因としては，図4.5のように，①低い摩擦力の境界潤滑膜を表面に生成し，真実接触部での摩擦応力を低下させる，②潤滑剤が荷重の一部を受けもち，真実接触面積を低下させる，という二つがある．

a. 境界潤滑膜と境界摩擦

鉱油を主成分とする液体潤滑剤には，動植物油に含まれている脂肪酸（ステアリン酸など）が添加されていることが多い．脂肪酸が金属表面に接すると，化学

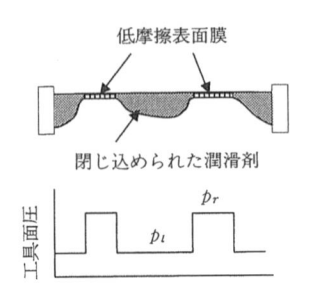

図4.5　潤滑剤に発生する圧力と接触面積

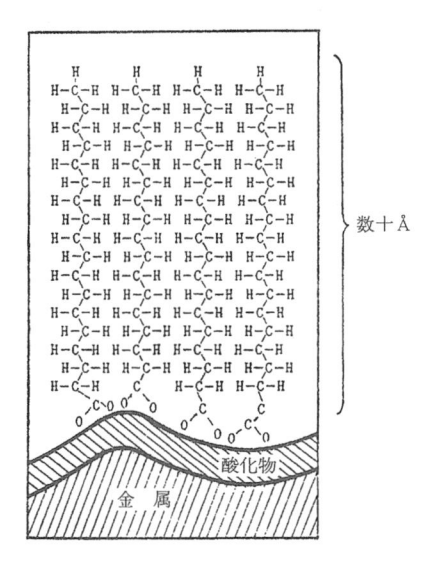

図 4.6 境界潤滑膜

反応により図 4.6 に示すような分子配列がそろった「境界潤滑膜」をつくる．境界潤滑膜の凝着力やせん断強度は非常に小さいため，この膜を介して他の面と接触すると，金属の直接接触が阻まれ摩擦が低下する．境界潤滑膜の存在のもとでの摩擦を「境界摩擦」という．

脂肪酸は 200℃程度以上になると分解し，潤滑効果が失われる．接触圧力が高く温度が上がる場合には，高温で金属と反応して低摩擦の物質を生成する P (リン) などの化合物が「極圧 (EP) 添加剤」として，脂肪酸とともに液体潤滑剤に加えられる．

b. 液体の粘性と流体力学効果

図 4.7 (a) のように平行な 2 面の間に厚さ h の液体が存在する状態で，一方が速度 v で面に平行に動くとする．液体が移動面と接触している部分では面と同じ速度であり，液体内部の速度は図に示すように直線的に変化する．液体の粘度を η とすると，液体を変形させるためのせん断応力 τ は速度勾配に比例し，次のように表される．

$$\tau = \eta v / h \tag{4.9}$$

2 面の隙間 h が一定であれば，せん断力は速度と粘度に比例して大きくなる．

図 4.7 (b) のように 2 面が傾いている場合，液体は動いている面に引きずられて隙間の狭いところに押し込まれ，圧力が発生するようになる．この圧力は粘度

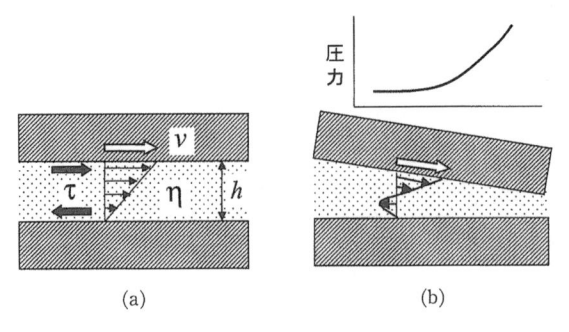

図 4.7 滑っている 2 面の間での流体の流れ
(a) 平行な面，(b) 傾いた面．

が大きいほど高くなり荷重を支えるようになるが，これを「流体力学効果」という．流体力学効果を使って摩擦の減少を図る場合には，粘度の大きい潤滑剤を用いる．

c. 混合潤滑

図 4.5 に示したように，非接触部が圧力 p_l の潤滑剤によって満たされていると，全荷重 P は見かけの接触部面積 A，真実接触率 β，真実接触部の圧力 p_r，潤滑剤の圧力 p_l により，

$$P = p_r \beta A + p_l (1-\beta) A \tag{4.10}$$

で表される．したがって，真実接触率 β は次のようになる．

$$\beta = \frac{P/A - p_l}{p_r - p_l} \tag{4.11}$$

一般に $p_r \geqq P/A$ であるので，潤滑剤圧力 p_l の増加により β が低下することになる．流体力学効果により，液体の圧力が接触力の一部を支えている状態を「混合潤滑」という．

図 4.8 に液体潤滑剤における摩擦係数の速度依存性を示す．混合潤滑ではすべり速度の増加とともに真実接触率が低下するため，摩擦力は下がる．さらに高速で滑ると，$p_l = P/A$ で真実接触率が 0 になり，粘性抵抗により摩擦力が滑り速度とともに増加するようになる．

d. 固体潤滑剤

黒鉛や二硫化モリブデンなどの物質は，特定の結晶面において低いせん断力で滑る特性をもっているため，固体潤滑剤として単独で用いられたり，液体潤滑

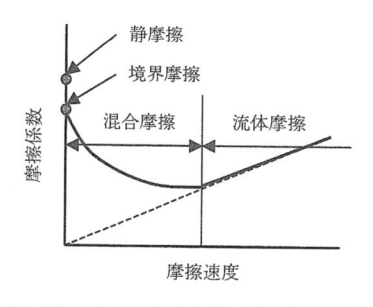

図4.8 液体潤滑剤における摩擦係数の速度依存性

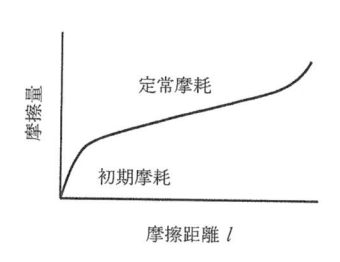

図4.9 摩擦距離による摩耗量の増加

に添加されたりしている．フロン系の樹脂であるテフロン (PTFE) は金属との摩擦が著しく低く，固体潤滑剤としても使用される．

4.4 摩　耗

a. 摩耗曲線

摩耗量 W を摩擦距離 l で整理すると，図4.9のように最初に摩耗が急速に進行した後，一定の摩耗速度になる．最初の部分を「初期摩耗」，傾き一定の部分を「定常摩耗」と呼ぶ．定常摩耗での摩耗量(体積)は，荷重 P と摩擦距離 l が増すほど，また材料の押込み硬さ H が小さくなるほど増加する．定常摩耗についてのホルムの式は次のように表される．

$$W = k\frac{Pl}{H} \tag{4.12}$$

k は「摩耗係数」であり，「比摩耗量」を $W_s = k/H$ とおくと上式は次のようになる．

$$W = W_s Pl \tag{4.13}$$

b. 凝着摩耗

「凝着摩耗」は凝着部で原子拡散が生じ，相手の材料の中に原子が移動して摩耗するもので，硬い方の材料も原子拡散するので摩耗する．切削などの工具における通常の摩耗は凝着摩耗であり，比摩耗量 W_s は通常 10^{-7} mm^2/kgf 以下である．接触部の温度が上昇すると原子拡散が激しくなるので，摩擦による温度上昇により凝着摩耗が促進される．

c. ひっかき摩耗

「ひっかき摩耗」は研磨紙で金属を磨くように，硬い材料によって軟らかい材料が削り取られることによって生じる摩耗である．ひっかき摩耗では比摩耗量 W_s は 10^{-4} mm²/kgf のオーダの大きな値になる．生産加工の現場において，浮遊砂塵が工具に巻き込まれたときなどに生じる異常な摩耗は，ひっかき摩耗に起因すると考えられている．

演習問題

4.1 先端が鋭くとがった刃物で切削した結果，鋸歯状の直線的な断面曲線の表面が得られた．最大高さが 10 μm であるとすると，算術平均粗さを求めよ．

4.2 ビッカース硬さが 200 kgf/mm² で一辺が 1 cm の正方形の鉄板を合わせて，上から 100 kgf の荷重をかけたときの真実接触率を求めよ．

4.3 式 (4.6) を導け．

4.4 極圧添加剤について調査せよ．

4.5 黒鉛，二硫化モリブデンの潤滑作用について調査せよ．

4.6 切削工具において 1 mm² の接触面積に 50 kgf の力が加わって滑っている．比摩耗量を $W_s = 2 \times 10^{-8}$ mm²/kgf として，500 μm まで摩耗する場合の切削距離を求めよ．

5. 素材製造

　自然状態では金属元素は化合物として鉱石中に存在し，鉱石は各種の不純物を伴うのが普通である．このような鉱石を経済的に処理し，不純物を取り除いて金属状態に還元する過程を「製錬」という．製錬の工程は，鉱石を砕いて予備処理をする段階，還元して粗金属を得る段階，粗金属から不純物を取り除いて高純度にする段階（精錬）などがある．鉄鋼材料については高炉での製銑，転炉での製鋼が製錬過程である．

　精錬が終わった金属は，溶けた状態で大きな型に流し込んで鋼塊（インゴット）にしたり，連続的に流出冷却する連続鋳造で厚い板（スラブ）や直径の大きい棒（ビレット）にしたりする．精錬された素材はロールによる「圧延」を繰り返して，自動車や家電の原材料となる薄板や細い棒，線にする．圧延は高能率であり大量生産に適している．板の製造に用いられる圧延では，板を平坦にするため各種の工夫がなされている．

　圧延設備は高価であるため，棒やパイプなどの少量生産にはビレットをダイス（工具）の穴から絞り出す「押出し」が使用される．線材の製造には，圧延や押出しでつくった太い線から出発し，ダイスの細い穴を通して引き出す「引抜き」を繰り返して細くしていく．

5.1 溶融・製錬

a. 製銑

　鉄鉱石は Fe_2O_3（赤鉄鉱）や Fe_3O_4（磁鉄鉱）などの酸化鉄を含有する．コークスを用いて鉄鉱石を還元し銑鉄（多くの炭素と不純物を含む鉄鋼の原材料）をつくることを「製銑」という．銑鉄は図5.1に示すような高炉によりつくられている．高炉の炉体の高さは約50 mもあり，内部は耐火レンガで，外側は水冷された鋼板で覆われている．

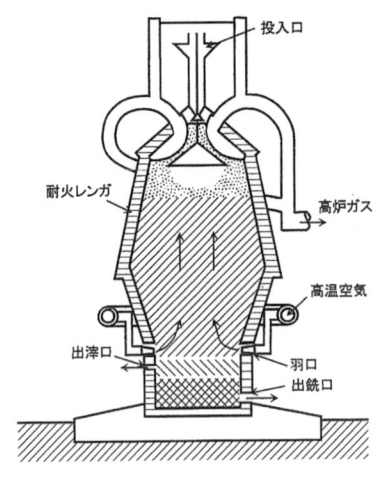

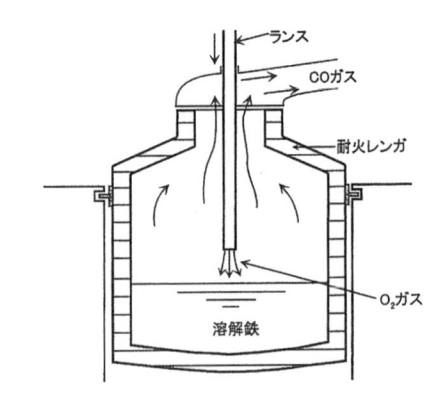

図5.1　高炉　　　　　　　　　図5.2　純酸素上吹転炉(LD転炉)

鉄1tonをつくるためには，予備処理した鉄鉱石を約1.7tonのほかコークス(還元剤)約0.5ton，石灰石(溶剤)約0.15tonを高炉の上から層状に投入し，羽口から約1300℃程度に熱せられた高圧空気を約1100 m³送り込む．これにより高炉内部では最高1800℃程度になるが，高温のもとでコークスの炭素により還元された銑鉄が下部に沈み，出銑口から取り出される．出滓口からは不純物と石灰石の化合物(鉱滓)が流れ出る．最近の高炉では1基で1日当たり8000～11000tonの生産量になっている．

b.　製　　鋼

過剰な炭素と硫黄などの不純物を多く含む銑鉄を，転炉で不純物を除き炭素が2％以下の鋼にする過程が製鋼である．図5.2に純酸素上吹転炉(LD転炉)の原理を示す．溶けた銑鉄の中に純酸素を超音速で吹き込むとSiやMn(マンガン)が酸化して分離され，CやSはガスになる．転炉は生産量が大きいことと，炉内に吹き込む酸素と銑鉄中に含まれるCやSiなどとの酸化反応によって発熱するため，熱エネルギーの供給が不要であることから多く用いられている．

c.　アルミニウムの製錬

アルミナの分離(バイヤー法)：Alの鉱石であるボーキサイトは，Alの水酸化物を含む．ボーキサイトを高温高圧下で苛性ソーダに混合すると，Alの水酸化物のみが溶解し分離される．水酸化物を1300℃に加熱すると水分が分離され，

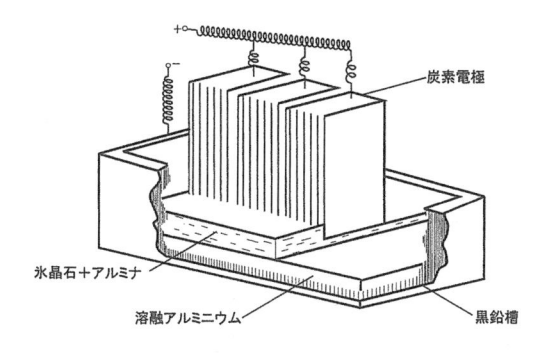

図 5.3 アルミニウムの電気分解

純粋な Al_2O_3(アルミナ)が得られる.

電気分解(ホールエルー法): アルミナの融点は 2000℃ 以上であるが, Na_3AlF_6 (氷晶石)に 5% の Al_2O_3 を加えたものは約 1000℃ で溶け, しかも導電性がある. このことを利用し, 図 5.3 のような方法で電気分解をして純アルミニウムを取り出す. 1 ton のアルミニウムを得るために, 13000 kW·h もの大量の電気エネルギーが電気分解に使われている.

d. 造塊, 分塊圧延と連続鋳造

精錬された金属は後加工に適した大きさの塊に凝固する必要があるが, その方法には, 大きな鋳型に鋳込んでつくったインゴットを分塊圧延でスラブやビレットにする方法と, 連続鋳造により直接スラブなどにする場合とがある. 鋼の連続鋳造方式は省エネルギーなどの利点から導入され, 日本の鉄鋼生産ではほとんどがこの方式を用いている. 連続鋳造については 6.4 節で説明するが, 厚さ 20 cm 程度, 幅 1~2 m 程度の鉄鋼スラブが連続的に製造され, 後加工のため 10~20 m の長さに切断される.

5.2 板の圧延

a. 圧延の原理

板の製造では, 図 5.4 に示すように上下のロールで繰り返し圧下する圧延が行われる. 厚さが 1~400 mm の鋼板は熱間(約 850~1200℃)で圧延されている. 製品板厚が 6 mm 以上の鋼板は圧延速度が低いので, 1 台の厚板圧延機で往復, 繰り返し圧下される. 6 mm 以下の厚さの薄板(ホットストリップ)は高速で加工する必要があり, 図 5.5 に示すように連続的に圧延される. 材料は, まず

46　　　　　　　　　　　　　5. 素 材 製 造

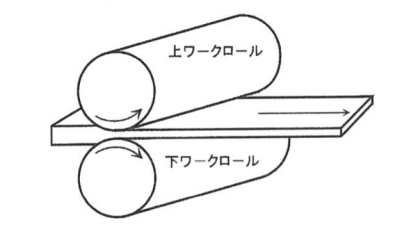

図 5.4 圧延の原理

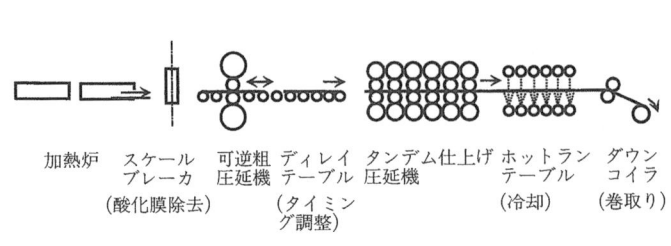

図 5.5 薄板の熱間圧延工程

1～3基の粗圧延機で繰り返し圧延された後，直列（タンデム）に並んだ5～7基のタンデム仕上圧延機によって連続的に圧延される．仕上圧延後の高温の板に水を噴射して冷却し，結晶粒の粗大化を防いでいる．

　乗用車の外板のように表面状態のよい薄肉の板（0.15～3.2 mm）は，熱間圧延された板をさらに室温で冷間圧延することにより得られる．冷間圧延に用いられる連続圧延機の出口速度は 100 km/h 以上であるから，板厚の制御も非常に速い応答でなければならない．

【例題】 圧延におけるかみ込み条件をロールのかみ込み角と摩擦係数で示せ．

［解答］ 図5.6のように半径 R のロールにより t_0 の板を t_1 にすることを考える．ロールのかみ込み角 θ は図を参照して

$$R(1-\cos\theta)=(t_0-t_1)/2 \tag{5.1}$$

である．ロールと板の間に摩擦係数 μ のクーロン摩擦（4.1節参照）が働くものとする．板をロールに押しあてたとき，板にはロール面に垂直な反力 P とロールとの摩擦によって引きずり込まれる力 μP とが作用する．P による進行方向に逆向きの力よりも摩擦力 μP による推進力の方が大きいと，板はかみ込まれる．したがってかみ込みの条件は，$\mu P\cos\theta \geqq P\sin\theta$ より

$$\mu \geqq \tan\theta \tag{5.2}$$

となり，摩擦係数が大きくなるほどかみ込まれやすくなる．熱間圧延では μ は

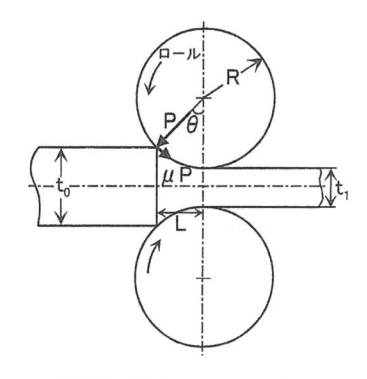

図 5.6　圧延におけるかみ込み 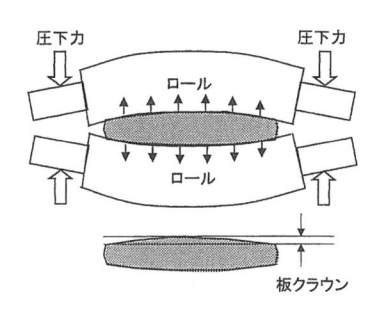　　図 5.7　ロールの弾性変形と板クラウン

0.1〜0.3，冷間圧延では 0.02〜0.03 であり，特に冷間圧延でかみ込みが問題となる．

b. 板 厚 制 御

板圧延では図 5.7 のようにロールがたわんで，圧延された板は中央部がやや厚い中高の形状となるが，これを「板クラウン」という．板厚が 0.7 mm 程度の自動車用鋼板では板厚不均一を 10 μm 以下に，厚さ 20 μm のアルミニウム箔では 1 μm 以下にする必要がある．

ロールの弾性変形はロールを単純支持はりとみなして計算できる．支点（軸受け）間の距離を l，ロールの縦弾性係数を E，断面 2 次モーメントを I とし，単位長さ当たりの圧延荷重 p が支点間に一様に作用していると仮定すると，ロール中央でのたわみ δ は，

$$\delta = \frac{5}{384}\frac{l^4}{EI}p = \frac{p}{K} \tag{5.3}$$

となる．K は「剛性」であるが，これが大きいほど一定の荷重での変形量が小さくなる．断面 2 次モーメント I はロールの直径 d により次のように与えられる．

$$I = \pi d^4/64 \tag{5.4}$$

【例題】 直径 300 mm，支点間距離 1 m の鋼（E = 206 GPa）のロールに，幅方向 1 mm 当たり 1 tonf の圧延荷重が加わったときのロールのたわみを計算せよ．

［解答］ E = 206 GPa，d = 300 mm，l = 1000 mm を式 (5.3)，(5.4) に代入すると，δ は約 1.6 mm にもなる．このままでは，薄い板では板の厚さと同程度のたわみになることがわかる．

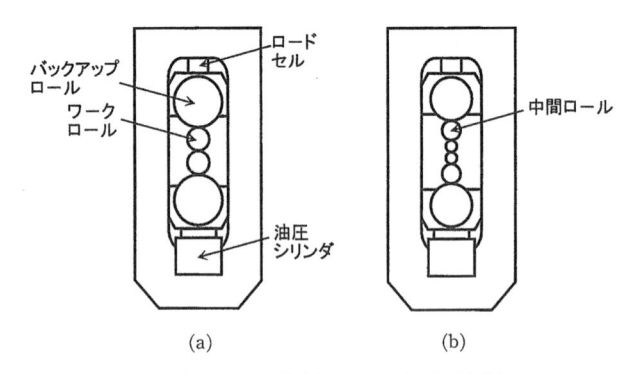

図 5.8 4 段圧延機(a)および 6 段圧延機(b)

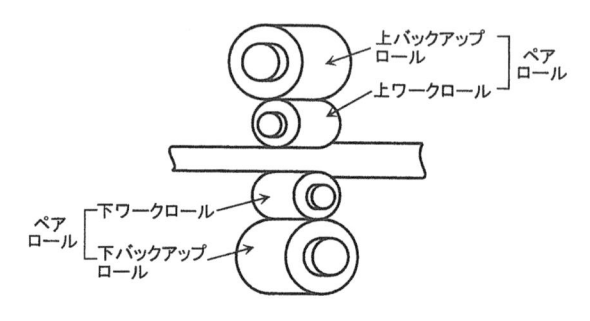

図 5.9 ペアクロス圧延機

　板クラウンを除くため，各種の方法が開発されている．ロールの中央部を両端よりわずかに太くした太鼓形にする方法を「ロールクラウン法」という．2 個のロールを用いる「2 段圧延機」では，この方法でロール間隙を一定にして板厚を均一にする．

　図 5.8(a) に示す「4 段圧延機」では，ロールを 4 本にしてロールのたわみを小さく抑えている．直径の小さい「ワークロール」を用いると，素材とロールの接触面積が減少するので圧延荷重を下げることができる．しかし，式(5.4)からわかるように，ロール直径が小さいと I が小さくなり，大きくたわむ．そこで直径の大きい「バックアップロール」によりワークロールを後ろから支える構造にしてロール全体の剛性を上げ，ロールたわみが小さい圧延機にしている．4 段圧延機は板圧延の基本的な構造である．さらに高い剛性をもち中間ロールを軸方向にシフトしてロール変形を制御するときには，図 5.8(b) の 6 段圧延機も用いら

コラム

マンネスマンピアサーの誕生

19世紀後半ドイツのデュッセルドルフ近郊レムシャイドの町で，老ラインハルト・マンネスマンが鍛造工場を経営して鉄鋼やすりを製造していた．そのとき，父を助ける2人の兄弟ラインハルトとマックスが，その素材となる丸棒を互いに傾斜した2本のロールで回転圧延中に，中心部に孔が発生しやすいことに気づいた．最初は製鋼段階でできた内部欠陥であると考えていたが，研究の末，図5.10のように回転傾斜ロールでもまれた結果生じる空孔であることがわかった（後にマンネスマン効果といわれる現象である）．彼らは，この現象を積極的に利用して管をつくり出すことを考え，1885年に特許を取得した．今日のマンネスマンピアサーの誕生であり，同時にシームレスパイプの製造の道をひらいたのである．

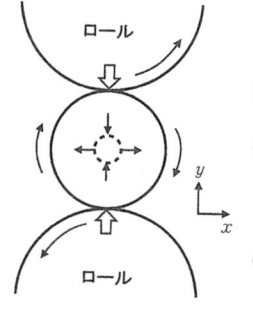

① 材料が押されながら回転すると
⇩
② 中心部で，y方向に圧縮応力が，x方向には引張応力が発生して孔ができやすい
⇩
③ プラグ（工具）を押しあてると内孔が拡大しパイプ状になる

図5.10 マンネスマン効果の原理

れる．

　ロールクラウン法や4段圧延機を組み合わせて平坦な板を製造できるが，温度変化などにより圧延中の荷重が変動すると平坦度が悪くなる．圧延される板全長にわたって板の平坦度を一定に保つには，圧延機の制御が必要になる．図5.9はロールの平行度を変化させて制御するペアクロス圧延機である．この圧延機を上からみると，上下のロールがX形に交差するように動かされる．交差角が大きくなるとロール間の隙間は中央が小さく，両端で大きい分布になる．これにより，ロールの弾性変形に起因するロール間の隙間の不均一を補償して，板が一様な厚さになるように制御することができる．

板の厚さの制御においては，各圧延機のロール間隙やロール回転数がコンピュータによって自動設定される．加工中の板の温度変化は板厚変動の原因となるため，温度検出装置により温度を計測し，圧延機のロードセル(荷重計)やX線厚さ計などの計測データを用い，自動板厚制御(automatic gauge control：AGC)により圧下量が自動制御されている．これらの方法により，幅方向および長さ方向に板厚が一定に保たれている．

5.3 管，棒などの圧延

管の製造方法を大別すると，板を円筒状に曲げて溶接して管にする方法と，溶接なしの管(シームレスパイプ)を直接つくる方法がある．溶接法では製品寸法の制限が少ないため，溶接によるパイプの生産量が多い．石油の掘削や輸送用管のように高強度，高信頼性を必要とする場合にはシームレスパイプが用いられる．シームレスパイプは，図5.11のような「マンネスマン穿孔機」によって製造されることが多い．これは，二つの樽形のロールを互いに傾斜させて同じ方向に回転させると，丸棒の中心部に引張応力が作用し孔のあきやすい状態になり，また前進力も与えられるのである．

ロール円周に溝を彫ることによりロール間隙に任意の形状を与えることができるが，こうしたロールを用いて各種の断面形状をもった製品を製造する方法を形圧延と呼ぶ．棒状の製品や直径5mm以上の線材，断面がL形のアングル，H

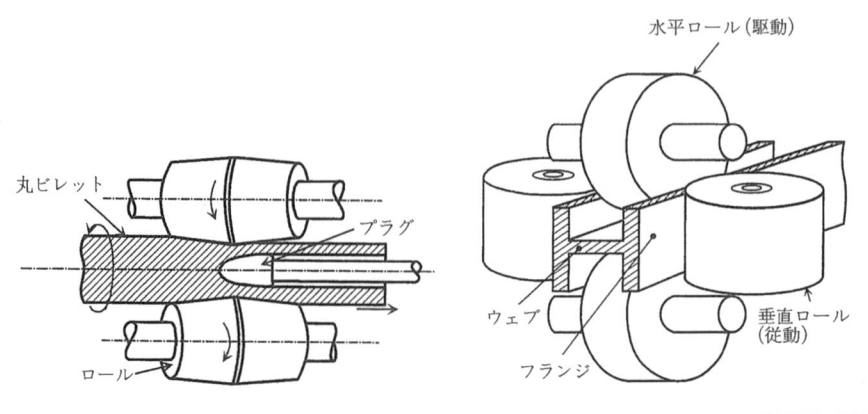

図5.11 マンネスマン穿孔機　　　　図5.12 ユニバーサルロールによるH形鋼の圧延

形鋼などは形圧延によって製造される．形圧延では多数のパス（圧延工程）を経て製品をつくるが，途中の断面形状に工夫をして少ないパスで製造するようにしている．H形鋼は最初2本のロールで，中央がくぼんだ断面形状に圧延するが，最終的には図5.12に示す4本のロールを用いたユニバーサルロールで圧延し，フランジ（Hの縦棒）とウェブ（中央部）を同時に仕上げる．

5.4 押　出　し

押出加工は，図5.13(a)のようにコンテナ（容器）の中にビレット（素材）を挿入し，一端に押出力を加えて他端のダイスの穴から材料を流れ出させる方法である．このような後ろから押してビレットを動かす「直接押出し」における押出圧力は，コンテナ壁部とビレットとの摩擦の分だけ高くなる．長い製品では加工圧力の増大により押出しが困難になるため，コンテナとの摩擦を小さくすることが重要である．

図5.13(b)はビレットを動かすのではなく，ダイスを押し込んで押出しをする「間接押出し」である．この場合は，コンテナと素材との相対滑りがないので，ビレットが長くなっても圧力上昇を生じない．また，同図(c)は液体の媒体で素材を囲み，圧力を上げて押し出す「静水圧押出し」である．この方法では，ビレットがコンテナと接触しないので長い製品でも押出圧力は一定であり，細い線の押出しでは素材をコイル状にしておくこともできる．この方法では高圧液（〜1万気圧）のシールが問題になる．

鋼の棒，線，管，形材（レールなど）は生産量が多く，生産能率の高い圧延によって製造される．生産量の比較的少ない特殊鋼，銅，アルミニウム合金などの，棒，線，管，異形材（アルミサッシュなど）は押出しによりつくられている．圧延設備には多額の投資が必要であるが，押出設備が圧延設備に比べて大幅に低コストであるため，生産量の少ない場合には押出しが用いられる．

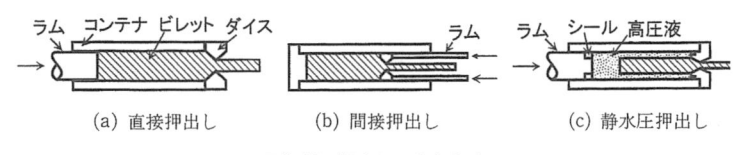

(a) 直接押出し　　(b) 間接押出し　　(c) 静水圧押出し

図5.13　押出しの主な形式

5.5 引　抜　き

　引抜きは押出しと同じようにダイスを通して成形する方法であるが，後方から圧縮力を加えるのではなく，前方から引張力を加えて引き出す．電線やピアノ線などの線材，エアコン用の銅管やゴルフシャフトの素管のような細い管が引抜きにより製造されている．

　図5.14に引抜きの方法を示す．引抜応力が材料の引張強さを上回ると線材の破断を生じるので，1回の引抜きにおける直径の減少率は10％程度以下に限られる．このため，細い線にするには引抜きを繰り返す必要がある．直径0.1 mm以上の線には超硬合金(10.4, 12.1節参照)のダイスが用いられ，それ以下の細い線ではダイヤモンドのダイスが用いられる．銅線や金線では直径5 μm程度までの極細の線が製造されている．

　管の引抜きでは，孔が大きいときは工具(マンドレル，プラグ)を孔の中に入れて，孔がつぶれないように引き抜く．孔が小さくなると工具が入らないため，工具を用いないで引き抜く．しかし，この場合には孔がしだいに小さくなるため，多くの回数の引抜きはできない．

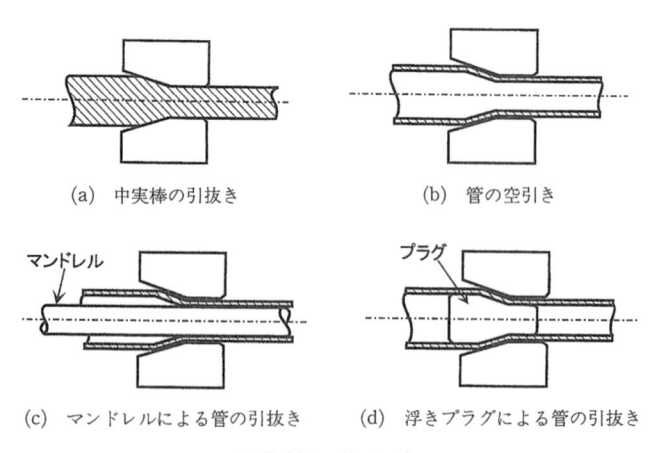

(a) 中実棒の引抜き

(b) 管の空引き

(c) マンドレルによる管の引抜き

(d) 浮きプラグによる管の引抜き

図5.14　引抜き方法

演習問題

5.1 鉄鉱石として用いられる赤鉄鉱(Fe_2O_3)の還元反応を示せ．

5.2 製鋼工程の転炉内での炭素，リン，硫黄の除去反応を示せ．

5.3 図5.6で入側板厚をt_0，出側板厚をt_1として，かみ込み可能なロール直径(半径R)を求めよ．板とロールの間の摩擦係数はμとする．

5.4 図5.6でロールの接触弧の投影長Lとかみ込み角θを求めよ．

6. 鋳造加工

　鋳造は内部が空洞の型（鋳型）の中に，溶融金属（溶湯）を流し込み冷却凝固させて形状を与える方法である．液体の状態で型の形状のとおり材料を充満するので，複雑な形状の製品が作成可能であり，一部の高融点金属を除きどのような金属にでも適用できる．鉄鋼素材の生産でも連続鋳造が使用されているように，大型製品の製造に鋳造が用いられることが多い．鋳造では凝固のための長い冷却時間が必要であり，一般に生産能率は低い．

　鋳造用材料からみると，鋳鉄製品が鋳物総生産重量の約75%を占める．鋳鉄の中ではねずみ鋳鉄が最も多く使われている．鋳鉄は溶湯状態において低粘度で流れやすく，凝固時の収縮が小さく鋳造に適している．鋳鉄以外では鋳鋼（炭素含有量が2%以下の高炭素鋼），アルミニウム合金，銅合金，マグネシウム合金などが多く鋳造されている．

　鋳造方法を型の材料で分けると，砂型鋳造と金型鋳造（ダイカスト）になる．砂型は粘土混じりの砂の中に製品形状に近い形の模型を埋め込んでつくるもので，型の作成が簡単であり，一品生産も可能である．砂型を乾燥，硬化して強度を上げる時間を短縮するために，化学反応で砂を結合する自硬性鋳型が開発され

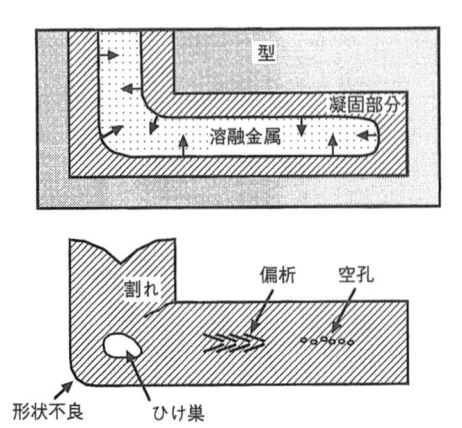

図6.1　鋳造における凝固の進行および欠陥の発生

ている．模型を砂型から取り外す際に型形状が崩れるなどの問題を避けるため，ワックスなどの模型を埋め込んだ後で溶かし出す方法（消失模型法）もある．ダイカストは鋼製の型を用いてアルミニウムなど低融点金属を鋳造する方法であり，型を繰り返し使用できるので大量生産に向いている．金型による冷却により充満前に固化するのを避けるため，溶湯に高圧を加えて高速で押し込み，圧力を加えたまま冷却している．

鋳造では溶けた金属が型の細部にいき渡る前に凝固してしまい，形状不良になることが大きな問題である．また，図6.1のように鋳型に接した表面から凝固が進行するため，中心部に気体の放出による微小孔や凝固冷却に伴う体積の収縮による空孔（鋳巣，ひけ巣），不純物の多い偏析が生じやすい．さらに，冷却時の不均一な温度変化から，製品に残留応力やそれによる割れを生じやすい．このような鋳造製品の寸法精度，表面状態，材質などの問題を解決するため，各種の鋳造法が開発されてきた．

6.1 砂型鋳造

砂型鋳造では製品の模型を作成して鋳造用の砂の中に埋め込み，砂を固めた後で模型を取り外して砂型を乾燥，硬化し，溶けた金属を流し込む．砂型の特徴は，簡単な設備で大きな寸法の製品の作成が可能なことである．古くから使われてきた鋳型用の砂（鋳物砂）は，砂粒を結合するための粘土を含む山砂である．鋳型に砂を用いる理由は，①砂が高温に耐える，②通気性があり凝固中に発生する気体を通す，③熱伝導率が低く溶融金属を急激に冷却しない，④鋳型を簡単に作成でき，⑤再利用できる，などである．

図6.2に砂型の構造を示す．砂型を作成するため，製品とほぼ同じ形状の模型

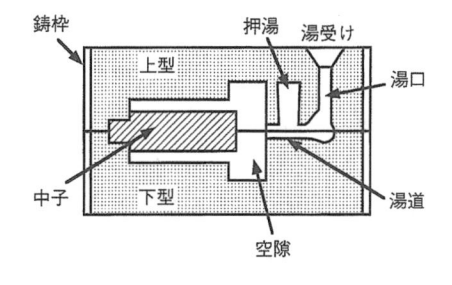

図6.2 砂型構造

> **コラム**
>
> **オシャカの語源**
>
> むかし日本では仏像をろう型法(一種のロストワックス法)により鋳造していた．当時多くつくられていた阿弥陀仏は光背(背中の放射状の飾り)があり，釈迦仏は光背を有していなかった．阿弥陀仏をつくる場合，光背があまりにも薄すぎたため溶湯が充満することができず，光背のない釈迦仏のようになってしまうことが多かった．このような鋳造不良を"オシャカ"というようになり，さらに失敗品にすることを"オシャカにする"というようになった．

|設計|→|模型製作|→|鋳型製作|→|注湯|→|冷却|→|取り出し|→|清掃|→|検査|→|製品|

図 6.3　砂型鋳造の工程

(木型)を用いる．さらに，溶湯を流し込む部分(湯口や湯道)や，欠陥防止のため製品上部に溶湯を蓄える部分(押湯)の模型も必要である．模型を砂に埋め込んで鋳型をつくるが，鋳造中に砂型が変形しないように，砂を吹き付け(ブローイング)たり振動を与えたりして，砂型の強度を高める．鋳造前に砂型から模型を取り外せるように，複数の金属枠(鋳枠)の中で分割造型し，鋳枠を組み立てて最終的な鋳型にする．製品に中空部がある場合には，中空部に対する型(中子)を別に作成する．砂型を自然乾燥させたものを「生型」，炉の中で乾燥して強度を高めたものを「焼型」と呼ぶ．

　図6.3に砂型を用いた鋳造の工程例を示す．鋳鉄の溶解には，「キュポラ」と呼ばれるコークス炉が用いられていたが，最近では各種の電気炉が用いられている．溶かした金属を型に流し込み，冷却後に鋳造品を砂型から取り出す．鋳造品から湯口，湯道，押湯，型の分割面に出たばり，また表面に付着した鋳物砂を除去する．場合によっては残留応力を除くため炉の中で加熱することもあり，これを「時効処理」という．

6.2　砂型の改良

　通常の砂型の精度や強度はあまり高くなく，また砂型を乾燥させるために長い時間が必要なので，砂型鋳造は精密な製品の大量生産には向かない．砂型の精度

や強度を上げたり，造形時間を短縮したりするために各種の工夫がなされてきた．

a. 自硬性鋳型

強度の高い鋳型を得るために，無機系または有機系のバインダ（砂の結合材）を砂に添加することによって，鋳型の硬化を促進する自硬性鋳型が広く使われている．CO_2 法では，二酸化炭素と反応して硬化する水ガラス（ケイ酸ソーダ）を砂に添加し，造型後に鋳型内に二酸化炭素を流して硬化させる．有機自硬性鋳型法では，温度が上がると縮合反応を起こして硬化する熱硬化樹脂（フェノール樹脂，フラン樹脂など）を添加して造型し，熱を加えて硬化，結合させる．

b. シェル鋳型

あらかじめ 300℃ 程度に加熱した金属製模型の表面に，フェノール樹脂をコーティングした砂を供給すると，模型から熱が移動して模型近傍の砂の温度が上昇し，約 100℃ 以上になった部分の砂が模型に密着するようになる．この層の厚さが数 mm になったところで模型を上下反転すると，ほとんどの砂が型から落とされ，模型上の砂の層だけが残る．砂の層を模型につけたまま炉内で約 250℃ に保持すると，樹脂が硬化し強度が増す．固まった層を模型から離すと図 6.4 のよ

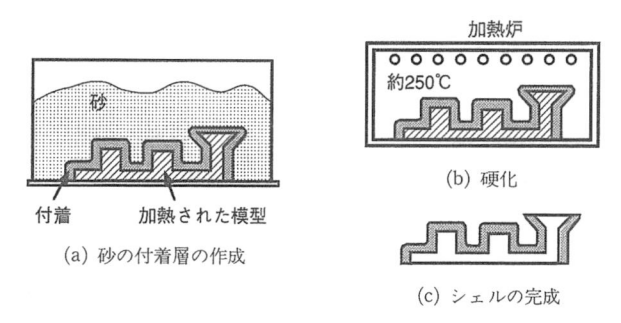

図 6.4 シェル鋳型のつくり方

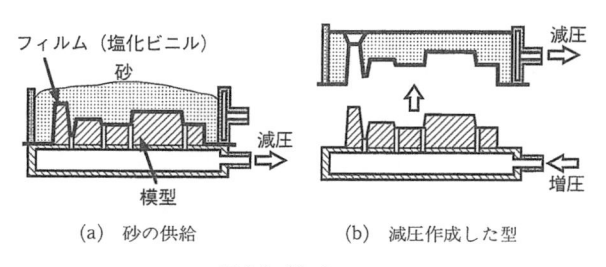

図 6.5 V プロセス

うに薄い殻(シェル)状の砂型(シェル鋳型)が得られる．シェル鋳型の表面は滑らかで，シェル鋳型を用いて鋳造すると，欠陥の少ない品質のよい鋳物をつくることができる．この方法では型の大量生産が可能であり，鋳鉄，鋳鋼，アルミニウムなど多くの製品製造に利用されている．

c. Vプロセス(減圧造形法)

図6.5のように，鋳枠に砂を投入し振動を加えて充填しつつ，鋳型分割面を塩化ビニル膜で覆って内部の空気を排気ポンプで吸引すると，大気圧で圧縮されて砂粒が密着し，このままで鋳型になる．この型を用いた鋳造を「Vプロセス」という．型に溶湯を注ぎ込むと塩化ビニル膜は溶けるが，すぐに溶湯で覆われるので真空は破れず，型の形状は崩れない．この方法では砂を粘結する必要がなく，粘結剤を含まないケイ砂を用いることができる．鋳型を減圧吸引しながら鋳込むので，溶湯が流れやすく，薄肉部品の鋳造にも適している．また，鋳造後は型の崩壊性が非常によく，砂の繰返し使用が可能である．

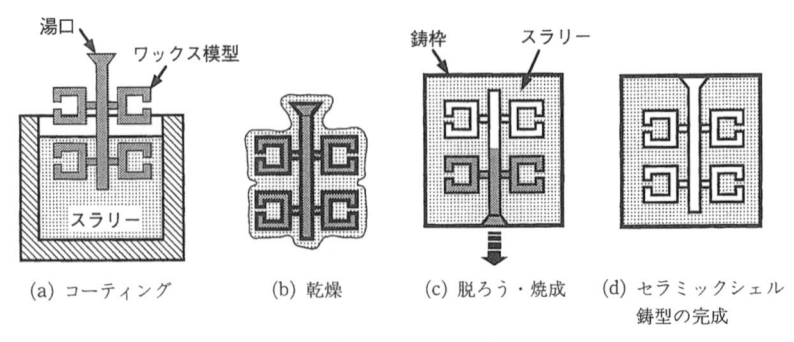

d. ロストワックス法

ロストワックス法はろう(ワックス)などの溶融除去しやすい材料で模型を作製し，セラミックス粉末で被覆して鋳型とした後，模型を溶融・除去し，注湯して鋳物を得る消失模型法で，「精密鋳造法」あるいは「インベストメント鋳造法」とも呼ばれる．

図6.6に示すように，ワックスで作成した模型を耐熱性の液状バインダとセラミックス粉末を混ぜた液体状のスラリーに2～3回付けてコーティングした後，鋳枠内にセットしてスラリーを流し込む．スラリーが固まったところで，鋳型を加熱してワックスを溶かし(脱ろう)，焼成を行って鋳型を完成させる．

図6.6 ロストワックス法

(a) コーティング　(b) 乾燥　(c) 脱ろう・焼成　(d) セラミックシェル鋳型の完成

> **コラム**
>
> ### 奈良の大仏の鋳造
>
> 　奈良の大仏は 749 年に完成したが，高さが 16 m あまり，一番下の部分の周囲が 72 m，重さは 500 ton もある．仏像の中まで青銅でできているのではなく，平均的には表面から 1.8 cm だけが鋳造された中空品である．それでは，この巨大な仏像の鋳型と中子はどのように作成されたのであろうか？
>
> 　青銅の大仏が完成する 2 年前の 747 年に，大仏の等寸大の模型ができている．これは木や竹で組んだ骨組みの上に，粘土や砂で上塗りをしてつくった像であった．実はこの模型から転写して鋳型をつくったのである．すなわち，模型の外側に 2 m 四方くらいの粘土板を張り付け，型をとって鋳型とした．また，鋳型作成後に粘土の模型表面から銅像の厚さ（平均 1.8 cm）の土を削り取り中子とした．盛り土で補強した鋳型を模型の外側に配置すると，削り取った部分が隙間となり，そこに青銅を流し込んで鋳造したのである（図 6.7）．一度に高さ 2 m 程度ずつ鋳込みをしたため，8 段に分けて鋳造が行われた．
>
> 　各段の間の接合強度が十分でなかったのか，奈良の大仏は何度も壊れている．完成 100 年後の 855 年には頭が落ち，1180 年，1567 年には戦乱で焼かれ，1610 年には台風で大仏殿が倒壊して大仏も傾いている．現在の大仏は 1709 年に修理されたもので，奈良時代のものは台座にある蓮の花弁の一部だけであるといわれている．
>
> 図 6.7　奈良の大仏の鋳造

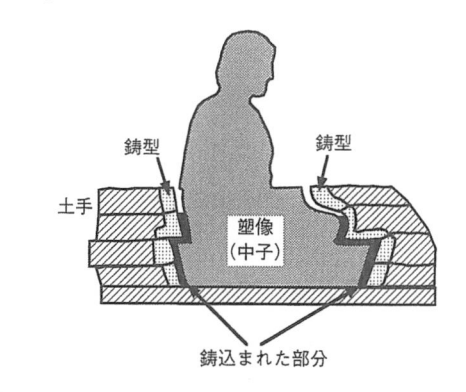

　ロストワックス法では，模型を取り出す必要がないため鋳型は一体であり，製品は型の合せ目のあとがなく寸法精度が高く，鋳肌も良好で，0.2 mm 前後の厚さまでのきわめて薄肉の鋳物が製造できる．鋳型に耐熱性があるため，アルミニウム合金から特殊鋼まで多くの材質に適用可能である．航空機の部品や美術品な

ど，高い精度とよい表面状態が必要とされる製品の鋳造に適用されている．

e. フルモールド法

　フルモールド法は加熱により燃焼，気化する発泡ポリスチロール製の模型を鋳枠中にセットした後，粘結剤を含まない乾燥鋳物砂を振動充填して鋳型をつくり，模型を残したまま鋳造する消失模型法である．溶湯を注入すると発泡ポリスチロールは燃焼し，気化，消失して溶湯と入れ替わり，中子を使わずに複雑形状の鋳物を鋳造することができる．鋳型の分割面がないため鋳ばりが発生しない．発泡スチロールの模型は簡単に製作でき，一品の加工では経済的である．燃焼ガスが鋳物の欠陥になったり，燃えかすが表面（鋳肌）を劣化させたりするおそれがあるが，工夫すればその影響を小さくできる．

6.3　ダイカスト

　鋳型を繰り返し使用するためには，鋳造を行う温度で高い強度をもつ鋼製の型が適している．ダイカストはアルミニウム合金などの溶湯を100～1000気圧（10～100 MPa）の高圧を加えて金型に圧入する方法である．溶湯が短時間で注入され冷却が少ないため複雑な形状品の鋳造ができる．また，溶湯注入後に圧力を加えて欠陥の発生を抑えながら冷却するため，鋳肌と寸法精度の良好な鋳造品が製造される．

　ダイカストには加熱部と鋳造部との位置により，ホットチャンバ法と，コールドチャンバ法がある．図6.8に示すコールドチャンバ法では，加熱炉とダイカスト機が別になった構造であり，加熱炉から一定量の溶湯をチャンバ（容器）に取

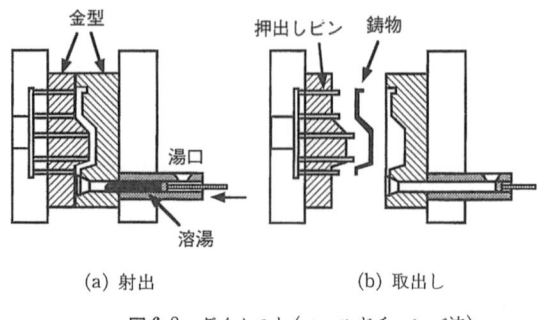

図6.8　ダイカスト（コールドチャンバ法）

り入れて,ピストンで溶湯を金型に射出する.ダイカスト製品は寸法精度が優れ($\pm 0.04 \sim 0.12$ mm 程度),薄肉の鋳造が容易で,鋳肌が滑らかで外観が美しい.ダイカストの生産設備は全サイクルが自動化され,大量生産の場合は製造原価が安い.しかし,設備や金型などが高価であり少量生産には向かない.

最近,「チクソモールディング(チクソ鋳造)」と呼ぶ,ダイカストと似た方法でマグネシウム合金を鋳造する方法が開発された.マグネシウムは溶融温度で酸化,燃焼するため溶湯が発火しないように工夫する必要がある.そこで,溶湯ではなく室温のマグネシウム粒子を少量のアルゴンガスとともに成形機に供給し,機械の中で粒子を加熱して溶かし,外気に触れることなく金型に送り込み鋳造するものである.この方法は,9章で説明するプラスチックの射出成形と同じ考え方である.「チクソ」は半溶融状態の金属(3.4節参照)のことであり,鋳造温度が低いことが特徴である.

6.4 特 殊 鋳 造

a. 真空溶解・鋳造法

溶けた金属は多くの気体を溶かし込むので,凝固時に気体が出てきて材質を劣化させやすい.Cr を含む耐熱金属やチタン合金(3.2節参照)などは溶湯が酸化しやすい.これらの金属や,微量のガスに起因する欠陥が問題となる特殊な鋳造品は,真空炉中で溶解してガスを除去し,そのまま鋳込みが行われる.真空鋳造では,図6.9のように鋳型と鋳造用材料を真空チャンバ内に入れ,圧力が $10^{-7} \sim 10^{-6}$ 気圧 ($0.01 \sim 0.1$ Pa) の高真空状態にした後,鋳造材料を高周波誘導加熱に

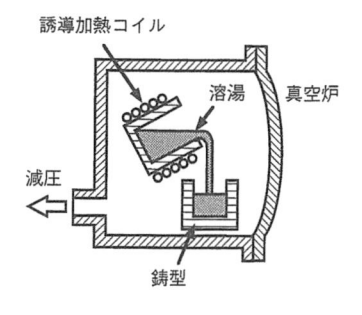

図 6.9 真空鋳造法

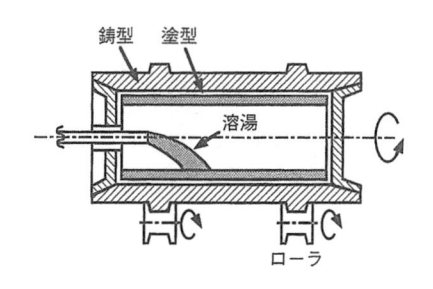

図 6.10 遠心鋳造法による管の製造

より溶解し，鋳型に注湯する．

b. 遠心鋳造

遠心鋳造法は高速回転している鋳型に溶湯を直接流し込み，遠心力によって溶湯を鋳型壁に押し付けながら凝固させる方法である．図 6.10 に横型遠心鋳造法を示す．円筒状の鋳型を用いることで，中子なしで中空，円筒状の鋳物が製造可能であり，肉厚が均一である．外側の表面は，遠心力による圧力で空隙を生じにくく，比重差を利用して不純物を内側に分離できるため材質がよくなる．上下水道用，ガス用，農工業用水用などの鋳鉄管が主として球状黒鉛鋳鉄により生産されている．

c. 連続鋳造

連続鋳造は，図 6.11 のように溶鋼をモールドと呼ばれる底なしの鋳型に流し込み，冷却，凝固させながら連続的に角材，幅広角材，丸棒を製造する方法である．この方法はインゴットを作成した後で分塊圧延を行うよりもエネルギーが削減できるため，1950 年代に実用化されて以来増加の一途をたどり，最近では鉄鋼のほとんどに適用されている．

連続鋳造における注湯開始時には，鋳型の底を金属の栓（ダミーバ）でふさいで，溶湯が流れ出すのを防ぎ，表面付近だけが凝固したシェルを形成したところで，ダミーバと凝固シェルを引き抜く．内部は未凝固であるので，型から出たシェルを水で冷却して中心部まで凝固させ，連続的に引き抜く．不純物が中心部に集まりやすいので，電磁力により溶鋼を攪拌して均質化し，欠陥の発生を防止する電磁攪拌を使用している．

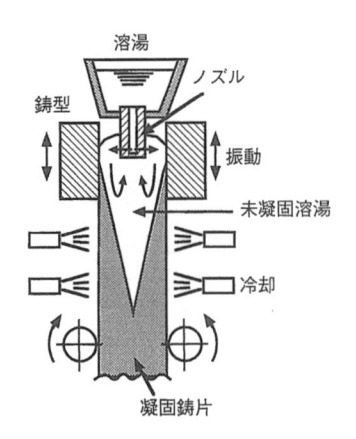

図 6.11　鋼の連続鋳造

6.5 鋳造製品の設計

a. 抜け勾配と見込み代

　鋳物砂を用いて鋳型を作成するとき，作成した砂型を壊さないように模型を抜き取る必要がある．砂型から抜きやすくするため，模型には図 6.12 に示すように 1/20 から 1/30 の「抜け勾配」をつける．

　鋳型に注入された溶湯は冷却中に収縮するため，模型の寸法は最終製品形状より大きくする必要があり，これを「縮み代」という．また，断面が不均一の場合には冷却中に変形しやすいため変形を見込んで余肉部をつけたり，鋳造後に機械加工で仕上げるための厚み(仕上げ代)をつけたりする．このような製品として余分な部分を総称して「見込み代」という．

(a) 抜け勾配なし　　(b) 抜け勾配あり

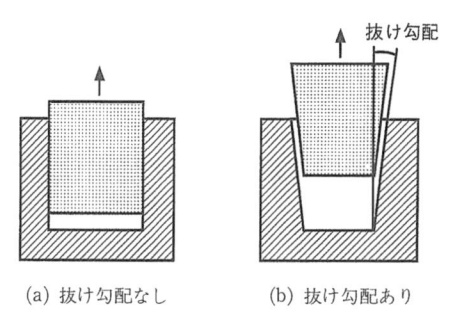

図 6.12　抜け勾配

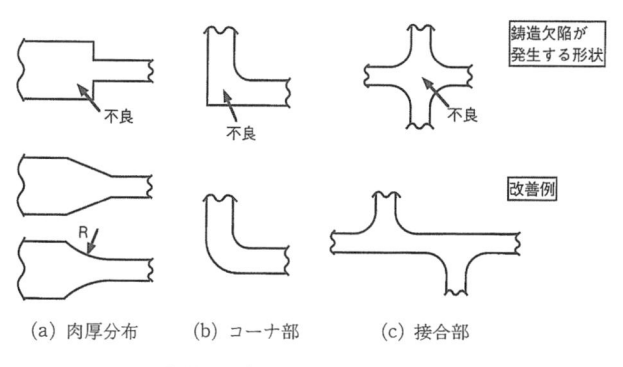

(a) 肉厚分布　　(b) コーナ部　　(c) 接合部

図 6.13　鋳造欠陥を防ぐための形状設計

b. 断面の肉厚

　鋳物製品の設計では，鋳物の各壁とその厚み(肉厚)はできるだけ一様になるようにする必要がある．厚肉部はひけ巣や粗い結晶組織を生じやすく，薄肉部は溶湯の流入が困難となる．また厚肉部と薄肉部とが隣接していると，両部分の冷却速度や収縮速度が異なるため高い残留応力が発生し，割れやすくなる．急な断面変化や鋭い角部は強度的に弱点となりやすく，コーナ部には丸みをつけて応力集中を防ぐ．図 6.13 に鋳造欠陥を防ぐ製品の形状改善例を示す．

演習問題

6.1 ねずみ鋳鉄は黒鉛が薄い片状であるため，内部欠陥としてもろく引張強さが小さい．こうした鋳鉄の特性を向上させた「球状黒鉛鋳鉄」について調査せよ．

6.2 溶湯と接触した鋳型は熱を吸収して温度が上昇するため，時間とともに熱を吸収する速度は低下する．鋳型が単位面積当たりに吸収する熱量を $q(t)$ として，単位時間，単位面積当たりの熱吸収量の増分がそれまでの熱吸収量に反比例すると仮定すると，次のようになる．

$$\frac{dq}{dt} = \frac{a}{q} \quad (a\text{ は定数})$$

(1) 鋳型の熱吸収量と時間の関係を求めよ．

(2) 体積 V，表面積 S の鋳物(溶湯)が凝固するために放出する熱量と，鋳型が鋳物の表面から吸収する熱量が等しいと仮定して，鋳物の(体積/表面積)の値 (V/S) と鋳物が凝固するまでの時間との関係を求めよ．ただし，溶湯が固化するときに放出する熱(潜熱)は鋳物の単位体積当たり L とする．

(3) 鋳物の寸法が 2 倍になると，凝固時間は何倍になると予測されるか．

7. 塑性加工

　塑性加工は固体材料に力を加えて塑性変形させ，工具の形状に応じた形状に加工する方法である．5章で説明した素材製造に使われる圧延などを1次塑性加工，素材から製品に成形する場合を2次塑性加工といい，2次塑性加工が本章の主題である．2次塑性加工は素材形状によって，塊状素材の成形と板状素材の成形とに大別される．板加工にはプレス機械を使うことが多いので，板成形を「プレス成形」と呼ぶこともある．

　鍛造は塊状の金属を型に入れて圧縮する方法であり，素材の加熱温度により熱間，温間，冷間鍛造があり，成形可能な寸法や製品精度が異なる．鍛造では加工荷重，加工圧力が高いために加工が制限されることが多く，それらの予測が重要である．板成形には深絞り，張出し，しごきなどの加工方法がある．板の割れ，しわ発生などで加工が制限されるため，加工限界の予測や加工限界を向上させる材料の選択が不可欠である．

　多くの塑性加工では，素材全体を高速で変形するため，加工時間が短く生産能率が高い．また，素材から製品になるまでに材料を捨てる部分が少なく，材料の歩留まりが高い．こうしたことから，塑性加工は精度，材質が均一な製品の大量生産に適している．

　一方，塑性加工は高圧力，大荷重を必要とするため，加工機械や工具が高価となり，少量生産ではコスト高になる．型の細部まで材料を充満するには高い圧力を必要とするため製品形状には制約が大きく，塑性加工で最終製品に近い（ニアネット）形状まで成形し，切削や研削などの仕上加工で最終的な形状にすることが多い．

7.1 塊状物の塑性加工

a. 自由鍛造

自由鍛造は 1000～1250℃ に加熱した鉄鋼材料を，図 7.1 のように簡単な形状の工具で繰り返し打撃して成形する方法であり，鋳造品の鋳巣や粗大結晶をつぶしたり介在物を細かくしたりして，材質を向上することができる．最近では船舶用の大型クランクシャフト，発電機のロータ，原子炉用の圧力容器など，重量が数十 kg 程度から 500 ton までの，材質に信頼性が要求される大型製品の製造に利用されている．

自由鍛造に対しては古くからハンマ鍛造機が用いられていたが，ハンマは騒音や振動が激しいので，しだいにプレスに置き換えられるようになった．自由鍛造品は重量が大きく取扱いが容易でないため，素材をつかんで移動したり回転したりするマニプレータと呼ばれる一種のロボット装置が用いられる．

b. 熱間型鍛造

熱間型鍛造は再結晶温度以上の温度で，金型の中で素材を圧縮して成形する方法である．型鍛造製品の精度は高くないが材質がよく，自動車エンジンのクランクシャフトなどの製造に用いられている．最も多い型鍛造の形式は，図 7.2 に示

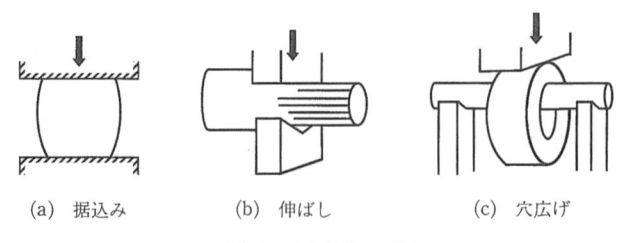

(a) 据込み　　(b) 伸ばし　　(c) 穴広げ

図 7.1　自由鍛造の種類

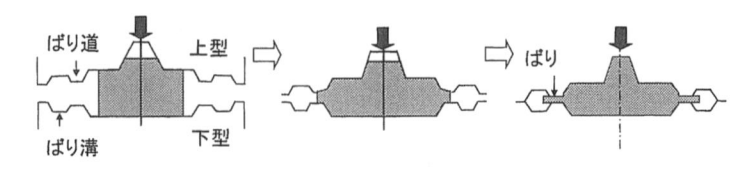

図 7.2　半密閉型鍛造における変形の進行

すように金型の中で圧縮された材料が薄いばりとして横方向に逃げる半密閉型鍛造である．図のように変形が進むに従い余分な材料がばりとして逃げるが，最終段階ではばりが圧縮され，型内の圧力を高めて型の細部へ材料を押し込む．

図7.3に型鍛造の工程の例を示す．丸棒や角棒を切断して製作した素材は，前加工により体積配分され，曲げなどにより型穴に入る形状にされる．予備成形（荒打ち）により大まかな形状が与えられ，仕上鍛造により細部の形状が整えられた後，ばりを打ち抜いて製品になる．

c. 冷温間鍛造

室温で行う鍛造を「冷間鍛造」，再結晶温度以下の温度に加熱した場合を「温間鍛造」という．熱間鍛造では厚い酸化膜を生じて切削の仕上加工が不可欠であるのに対し，冷温間鍛造では製品精度が高く，表面状態がよい．このため仕上加工を大幅に省略でき，経済的な大量生産に適している．重量が数kg以下の自転

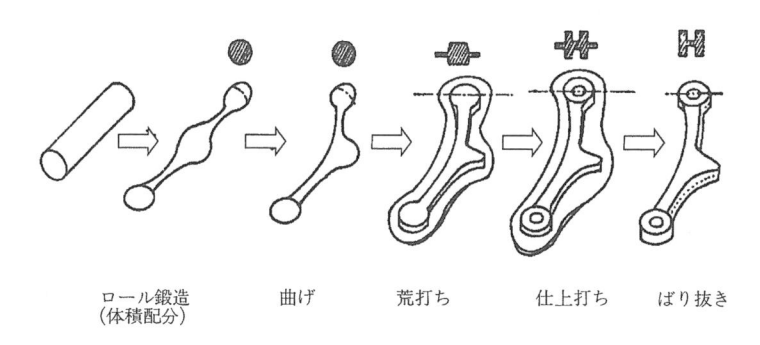

図7.3 型鍛造の工程例

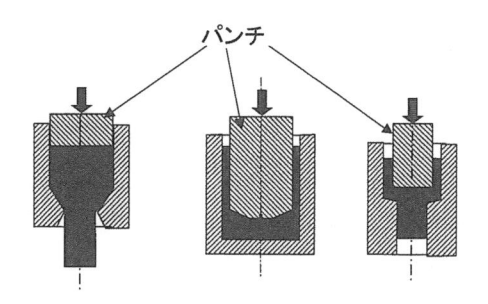

図7.4 押出形式の冷間鍛造方法

車，オートバイ，自動車，建設機械の小型部品のほか，ボルト，ナットのほとんどが冷間鍛造で製造されている．

室温では変形抵抗が高く加工圧力が高いために，素材が工具に焼き付いたり，工具が破壊したりしやすい．鋼の冷間鍛造は「リン酸塩皮膜処理」という潤滑表面処理の開発により可能になった．冷間鍛造方法としては，図7.4に示す前方，後方押出形式の鍛造が多く用いられるが，これらの形式では直径が工具で拘束されるため，直径の精度が高い．

d. 鍛造圧力と荷重

鍛造中に金型に加わる圧力 p は材料の変形抵抗 Y (2.2節参照) に比例し

$$p = CY \tag{7.1}$$

で表される．C は拘束係数と呼ばれる定数であり，金型による拘束の程度を表すもので，加工方法や加工条件によって異なる．加工に要する力 P は，工具に加わる圧力 p と工具と素材の接触している部分の (加圧方向と直角な面への) 投影面積 A に比例し，

$$P = pA = CAY \tag{7.2}$$

で表される．この式を用いて，加工に要する圧下力が計算できる．

自由鍛造では型による拘束力が小さいため $C=1\sim2$，型鍛造では $C=4\sim8$ である．C の値は各種の解析法により求められている．例えば，直径 D，厚さ h の円盤状の素材を摩擦係数 μ の平坦な工具で圧縮するとき，$\mu D/h$ が小さい場合に対してスラブ法で求められた拘束係数は次のようになる．

$$C = \left[1 + \frac{\mu}{3}\left(\frac{D}{h}\right)\right] \tag{7.3}$$

【例題】 変形抵抗 $Y=700$ MPa，加工中の最大直径 40 mm の素材の鍛造において，拘束係数が 4.0 であるとして，加工に必要なプレスの能力，工具の強度を推定せよ．

［解答］ $p = 4 \times 700$ MPa $= 2800$ MPa $= 286$ kgf/mm² であり，工具の耐圧限度は 2800 MPa 以上が必要である．$A = \pi \times 20^2$ mm² $= 1256$ mm² であるから，加工力は，$P = 286$ kgf/mm² $\times 1256$ mm² $= 359216$ kgf $= 359$ tonf となり，400 tonf 程度の能力のプレスが必要である．

コラム

日本刀の秘密

　昔から行われている日本刀の鍛造では，現在でも通用する高度な技術が使われている．材料は高温で打撃して伸ばした後，二つに折り曲げて再び伸ばすといった作業を15～18回程度も繰り返す．1回折り返すごとに厚さが1/2になるとすると，10回の折返しで約1/1000の厚さに，17回で約1/10万以下になる．このように材料が伸ばされると，不純物による介在物も同じように伸ばされ，きわめて小さな破片に分解される．金属の中に含まれる介在物は材料を破壊する原因になるが，微細化すると影響が小さくなる．材料中の不純物を除く技術がなかった時代には，材料特性を向上させる合理的な方法であるといえる．

　刀剣にする場合，このようにして作成した炭素含有量の少ない材料を内部に，炭素の多い材料を外部に配置して，さらに鍛造する．これにより，内部は軟らかく割れにくい特性を，表面はよく切れる硬い特性をもつようになる．内部と外部の特性の異なる材料を組み合わせて，各々の特性を発揮させる複合材料は最近になって使用されるようになった．

e. 転　　造

　鍛造はプレスやハンマなどの往復運動をする加工機械で圧縮することにより行われるが，工具または素材を回転させて，塊状素材を加工する方法もある．ボルトなどのネジは図7.5に示すように平形または丸形ダイスをもつ転造盤に棒状素材を挿入し，その両側からダイスを押し付けることにより，棒材を回転させて成形する．加工速度の高い転造盤では1分間に数百個のネジの加工が可能である．ネジのほかにドリルの溝，歯車，鋼球，スプラインなども転造によって加工することができる．

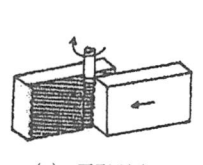

(a) 平形ダイス　　(b) 丸形ダイス

図7.5　ネジ転造

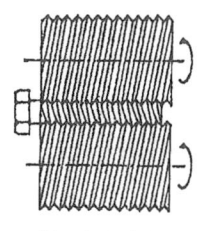

f. 焼結鍛造

噴霧法などで製造された金属粉末を金型の中に入れて圧縮すると，型形状が転写された圧粉体が成形される．この圧粉体を焼結すると，体積が縮み密度が高くなる．通常，焼結された製品はそのまま使用されるが，焼結品を密閉型の中で再圧縮して最終形状を与える方法を「焼結鍛造」という．鍛造の原材料に粉末を用いるのは，粉末の状態では重量の加減が可能であり，製品重量のばらつきを非常に小さくできるためである．自動車エンジン内で高速往復運動をするコネクティングロッドに焼結鍛造品を使用すると，重量の不均一に基づく振動を抑えることができる．

7.2 板の塑性加工

厚さが1mm以下の薄板の加工には曲げ，深絞り，張出しなど各種の加工方法が組み合わされる．板成形の加工圧力は鍛造に比べて低いが，自動車のボディのように寸法の大きなものでは，大きな加工力を必要とする．板に引張力が加わると破断しやすく，板成形は材料の破断によって加工限界を生じることが多い．

a. 曲げ加工

図7.6に曲げ加工の形式を示す．(a)の型曲げは，上下一対の型をプレスに取り付けて曲げを行うものであり，多く用いられている．(b)の折曲げは，回転可能な工具で材料を折り曲げて固定工具になじませる方法である．(c)のロール曲げは，2〜4個のロールを用いて板を一定の曲率に曲げ，円管を製作するのに使用される．

曲げ加工の後で製品を型から取り外すと，弾性変形の回復により曲げ角が少し戻る．この現象は「スプリングバック」と呼ばれており，薄い板製品の加工において製品精度に影響を与える重要な問題である．

b. 深絞り加工

深絞り加工は図7.7に示すように，ポンチを用いて素板をダイス穴内に押し込み，素板の外径を縮めて容器状の製品を成形する方法である．深絞りにより，自動車のガソリンタンクなど各種の容器が製造されている．

深絞りでは図7.8(a)，(b)に示すような「しわ」と「破断」によって加工限界が定まる．素板外周が縮まることによる，円周方向の圧縮応力によって生じる座屈

7.2 板の塑性加工

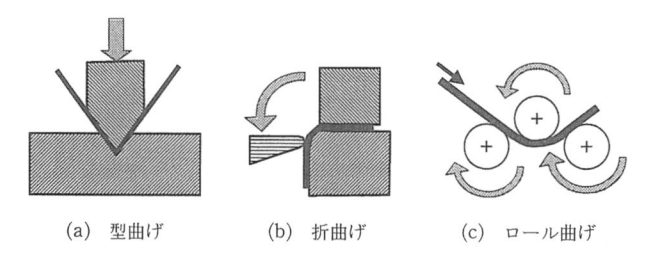

(a) 型曲げ　　(b) 折曲げ　　(c) ロール曲げ

図 7.6　曲げ加工の形式

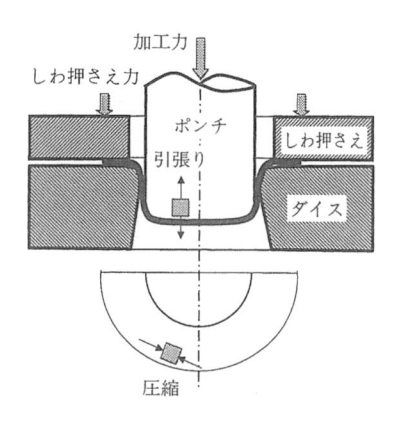

図 7.7　深絞り加工

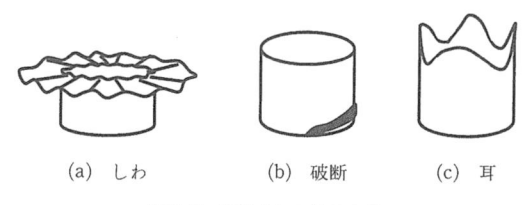

(a) しわ　　(b) 破断　　(c) 耳

図 7.8　深絞りにおける欠陥

変形が「しわ」である．しわ押さえ力を加えることによりしわ発生を防ぐことができる．加工力は製品底部に引張応力として伝えられるため，ポンチ底付近で破断を生じやすい．しわ押さえ力の増大は加工力となり，製品底部の破断を促進する．加工中の板の外周部では板が厚くなり，ポンチ底部では薄くなるため，加工後の製品の板厚分布は著しく不均一になる．また，板が方向性をもっているときには図 7.8(c) のような耳を生じることもある．

直径 d_p のポンチで異なる直径の板を深絞り加工するとき，最大ポンチ力は素板直径が大きくなるほど増大し，ある程度以上の直径の板は破断して加工できなくなる．限界の素板径 D_0 とポンチ径 d_p の比 (D_0/d_p) を「限界絞り比」と呼び，変形の厳しさを表す尺度にしている．一般に限界絞り比は材料によって 1.8～2.2 の範囲で変化する．

c. 張出加工

深絞り加工では，板の円周が縮むのでしわを生じ，製品表面は平滑になりにくい．そこで図 7.9 のように素板の外周をビードと呼ばれる突起で拘束した状態でポンチを押し込むと，板はすべての方向に伸ばされ，しわを生じることなく張った面になる．このように，周囲から材料の流入がなく，変形域の材料が半径方向と円周方向の 2 方向に伸ばされるような成形を「張出 (バルジ) 加工」という．張出加工は自動車の外板の成形に用いられているが (図 1.6 参照)，破断しやすいので容器の成形には利用できない．破断ひずみは材料の加工硬化の程度によって

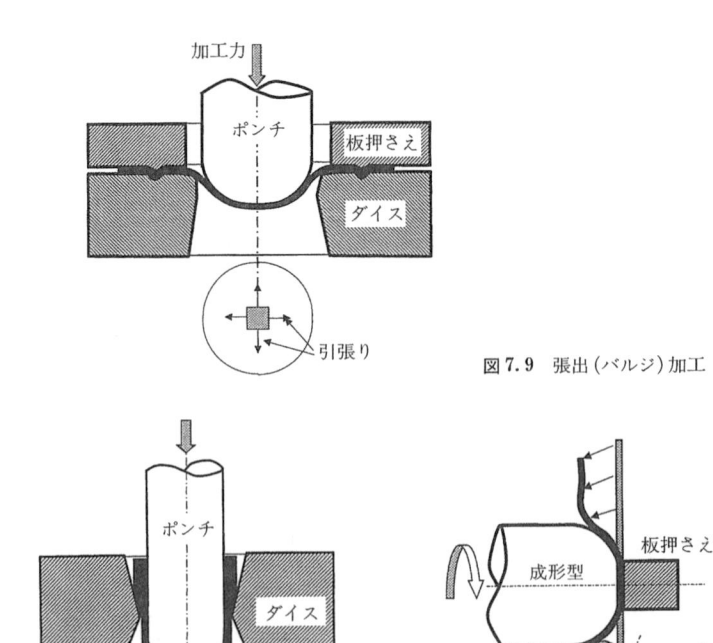

図 7.9　張出 (バルジ) 加工

図 7.10　しごき加工

図 7.11　スピニング加工

異なり，n値(2.2節参照)に比例して大きくなる．

d. しごき加工

深絞り製品は，容器の深さが直径より小さく，板厚さが不均一である．ビール缶などは，図7.10に示すように深絞りのポンチに容器をつけたまま板厚より小さい隙間(クリアランス)のダイスの中を押し通して材料を伸ばす「しごき加工」を行う．これにより容器の壁厚が均一になり寸法精度が向上すると同時に，製品表面も美しくなる．また壁厚が薄くなり，容器の深さが増大する．

e. スピニング加工

図7.11のように，成形型に素板を取り付けて回転させ，ロールなどで素板を成形型に順次押し付けていく方法を「スピニング加工」と呼ぶ．スピニング加工には，素板の外径を減少させて容器を成形する「絞りスピニング」と，素板の外径を一定に保ったまま板厚を減少させて所要の製品を得る「しごきスピニング」とがある．これらの方法でやかん，スプレー缶，ロケットの先端など，回転対称形の製品がつくられている．

7.3 せん断加工

せん断加工は材料に局部的に大きなせん断変形を与えて，所要の形状，寸法に切断分離する方法であり，板材の打抜きや棒材の切断に用いる．図7.12のように，上工具が板に食い込んでいくと「だれ」が発生し成長する．工具の側面に接触する部分は平坦化されせん断面が形成される．上下工具の刃先付近からクラックが発生，成長し破断面が広がり，両方のクラックが中央部で結合すると加工が終了する．クラックの結合部を滑らかにするため，ポンチとダイスの間には板厚の5〜10%程度のクリアランスが設けてある．

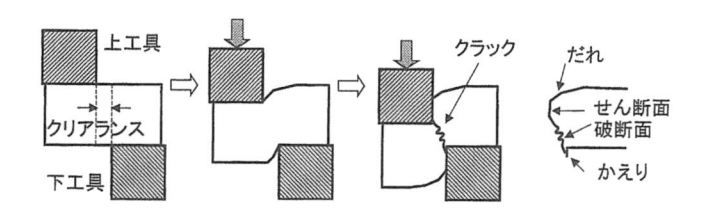

図7.12 せん断加工における加工の進行

せん断輪郭の長さを l, 板厚を t, せん断変形抵抗を k とすると, 最大せん断力 P_max は,

$$P_\text{max} = l \times t \times k \tag{7.4}$$

として計算できる．塑性理論によると，k は引張りでの変形抵抗 Y の約 1/2 倍である (2.1 節参照). 材料の引張強さがわかっている場合には，その 0.7〜0.8 倍程度をせん断変形抵抗 k にとるとよい．

7.4 塑性加工機械

塑性加工を行うためには，数 tonf 程度の力から数万 tonf の力を発生できる各種の機械が必要である．図 7.13 (a) の機械プレスは，フライホイールに連結されたクランクを回転することにより加工の主軸 (スライド) を往復運動させるものである．スライド移動量は加工力によらず一定であるため，変位規定の加工機械である．機械の取扱いが簡単であるため，塑性加工には最も多く用いられている．クランクとスライドの間の機構 (リンク機構) によって加圧特性が変わるため，各種の機械プレスがある．

図 7.13 (b) の油圧プレスは，高い油の圧力でラムを駆動する．油圧プレスは作動油の流速を制御することにより任意の速度に制御でき，どの位置でも最大の加工力を発生することができる．最大加工力が油の圧力によって定まるため，荷重で規定された加工機械である．

同図 (c) のハンマは重力や空気圧などで加速され，加工物に衝突すると加工力

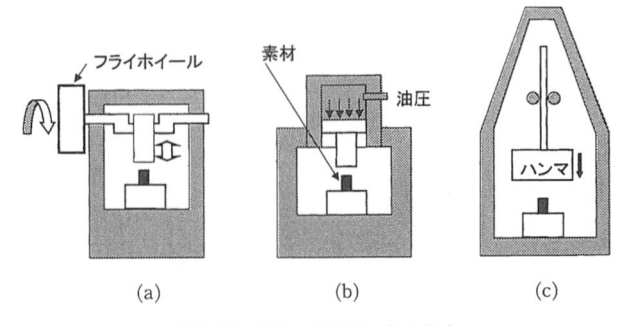

図 7.13 塑性加工機械の主な形式
(a) 機械プレス，(b) 油圧プレス，(c) ハンマ．

により減速され，ハンマの運動エネルギーを消費し停止する．加工仕事は力×圧下量であるので，加工力が大きい場合には1回の圧下量は少なくなるが，変形は進行する．ハンマはエネルギーによって変形量が決まるため，エネルギー規定の加工機械である．

演習問題

7.1 冷間鍛造と熱間鍛造を比較して，得失を述べよ．
7.2 深絞り加工用には r 値の高い材料が適している．r 値について調査せよ．
7.3 ビール缶などは D-I 缶と呼ばれているが，その加工方法について調査せよ．
7.4 円柱を据込圧縮鍛造において直径 10 cm，厚さ 5 mm の円盤状にしたい．変形抵抗を 20 kgf/mm²，摩擦係数を 0.1 として最終の加工力を推定せよ．
7.5 厚さ 1 mm の板を直径 50 mm に打ち抜きたい．この材料のせん断変形抵抗を 40 kgf/mm² として，打抜きに必要な加工力を求めよ．

8. 接合加工

　2物体を一体化することを接合といい，広い意味ではボルト・ナットやリベット(コラム：p.82参照)による締結も接合に含まれる．本章では原子レベルで2物体を結合する方法を取り扱う．船舶や自動車のように大きな製品は全体を一度につくれないため，分割して製作した部品を一体化するので溶接などの接合加工を用いる．複雑な形状品や複数の材料を組み合わせた部品の製造においても接合加工が不可欠であり，電気製品の結線工程や機械製造の最終段階の組立工程でも接合加工を多用している．しかし，接合では寸法精度を高めるのが難しい．また，接合部は強度が低かったり他の部分と特性が異なったりしやすいため，接合部の材質を改善する努力がなされた．

　金属の接合には種々のエネルギーを利用して二つの部材を加熱，加圧して結合を生じさせる方法があり，両方の部材が固相，液相かによって図8.1のように分類される．

　(a)　液相-液相接合法：接合する両方の部材の一部を溶融させて一体化した後固化するもので，アーク溶接，抵抗溶接，ガス溶接，高エネルギービーム溶接など各種の溶接がこれに分類される．多くの場合，溶接棒を溶かした溶加材で両方

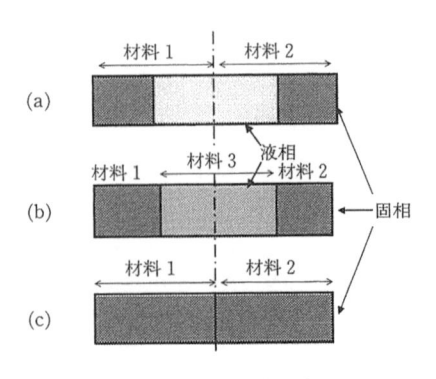

図8.1　金属の接合の原理

の部材の隙間を満たすため，溶融部は両方の部材と溶加材の混じった液相になっている．

(b) 液相-固相接合法：はんだ付けのように部材間に挿入した低融点金属のみを溶融させ，固体のままの部材と合金をつくるなどの機構で接合し，ろう接と呼ばれる．

(c) 固相-固相接合法：固相の部材の界面での原子の拡散現象などを利用する各種の圧接法であり，両面の原子を格子間隔程度に近づけるため，酸化膜などを除く必要がある．温度を上げると拡散が促進され，接合が容易になる．

8.1 アーク溶接

a. アークの性質

アーク溶接法は，アーク放電で生じる熱を利用して溶接棒を溶融させ，接合する部材の間に充填し，部材の一部を溶かしながら一体化して冷却，接合する方法である．簡単な設備でよい溶接部が得られるので，最もよく用いられている．

アーク放電は，高温になって電離したプラズマ（電離気体）に電気が流れることであるが，大電流を通電してアーク柱にエネルギーを供給し，高温（3000～5000℃）を保つことでアークが維持できる．

アーク溶接には電極として溶接棒を使用するか否かによって，溶極法と非溶極法がある．溶極法は溶接棒自体を電極として用いて電極を積極的に溶融する方式であり，非溶極法はタングステンや炭素のような溶融しにくい耐熱材料を電極とし，生じたアークで溶接棒を溶融する方式である．

アーク溶接の熱源であるプラズマをつくるためには気体の存在が不可欠であるが，溶融金属が大気に触れると激しい酸化を生じて酸化物を巻き込んだり，大気が溶融金属に入ったりして良好な溶接部材質が得られない．このため，酸化物を溶融分離するフラックスや大気を遮蔽するシールドガスが必要となる．

b. アーク溶接機

アーク溶接機には，直流用と交流用または交直両用のものがある．アークの安定性の点では直流電流の方が優れるが，溶接棒の改良によって交流電流でも安定なアークが得られるようになった．通常，交流機の方が廉価で効率もよく保守も簡単であるため，直流機よりも多く用いられている．

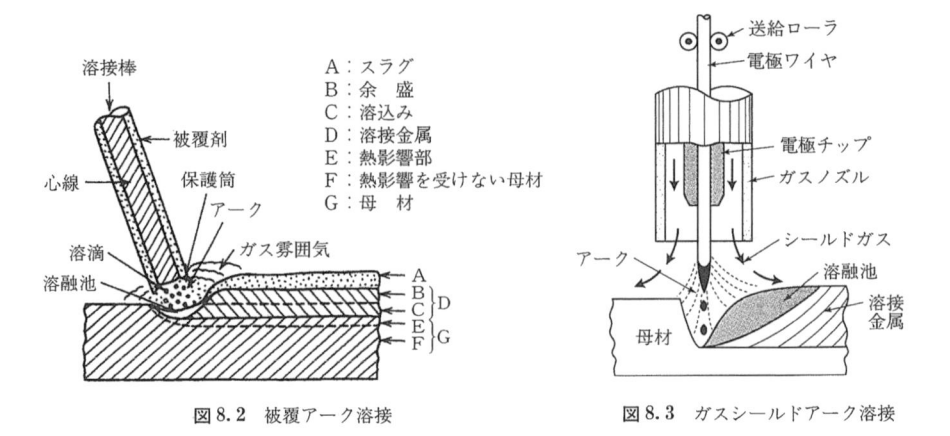

図 8.2　被覆アーク溶接　　　　　図 8.3　ガスシールドアーク溶接

c. 被覆アーク溶接

　被覆アーク溶接は，図 8.2 のように金属の心線（溶加材）を被覆剤（フラックス）でコーティングした溶接棒を用い，電極である溶接棒を溶かす溶極法である．アーク発生には，ホルダーでつかんだ溶接棒の先端を母材に軽く打ち付けるかこするようにして直ちに引き離す方法が用いられる．

　溶接棒の被覆剤は，①加熱されたときに中性または還元性のガス雰囲気をつくり大気が溶接部に侵入するのを防ぐ，②フラックスで酸化物を溶かしてスラグをつくる，③スラグで溶融部を覆い大気から保護する，④溶融部の金属に強化するような適当な合金元素を添加する，などの働きをする．

d. ガスシールドアーク溶接

　被覆アーク溶接では溶接部への大気の混入を完全には防げない．そこで，図 8.3 に示すように材料に悪影響を与えないガスを使って空気を遮蔽しながら，消耗電極ワイヤを一定速度で供給するガスシールドアーク溶接法が開発された．溶接部を大気から保護するため，アルゴンや炭酸ガスを用いる．アルゴンなどの不活性ガスの場合を MIG (metal inert gas) 溶接，炭酸ガスの場合を炭酸ガスアーク溶接と呼ぶ．また，アルゴンと炭酸ガスもしくは酸素の混合ガスを用いる場合を混合ガスアーク溶接という．

e. サブマージドアーク溶接

　サブマージドアーク溶接は，図 8.4 のように接合する母材上に粉末状のフラックスを自動的に散布し，その中に電極ワイヤを供給してアークを発生させる方法

図 8.4　サブマージドアーク溶接　　　　図 8.5　TIG 溶接

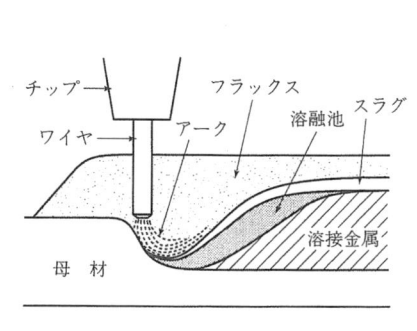

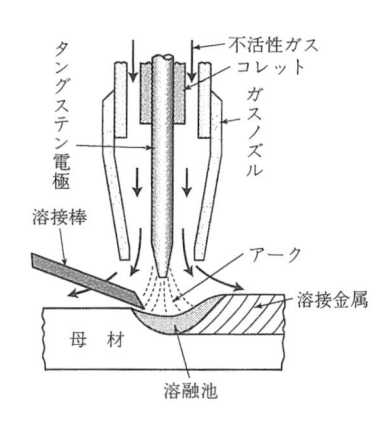

である．フラックスの一部はアーク熱により溶融スラグとなり溶融金属を覆い，アークは外からみえない．「サブマージ」は"アークが潜っている"という意味である．サブマージドアーク溶接では大電流が用いられ，溶接速度がきわめて速く高能率であるため，船舶で用いられる厚板の溶接など，溶接長の長い場合に利用されている．

f.　非溶極溶接

TIG (tungsten inert gas) 溶接は，図 8.5 のように不活性ガス中で W 電極と母材間でアークを発生させる方法である．W は最も溶融温度が高い（3.3 節参照）ため，電極として用いても溶融しない．溶加材のワイヤは電極と別に供給し，アークで溶かすため，アークの入熱量と溶加材の供給量を独立に調整できる特徴がある．直流溶接においてタングテン電極を陰極とすると，電極直下の被加工材にアークが集中し，幅が狭く深い溶込みが得られ，ステンレス鋼の溶接に広く採用されている．

8.2　高エネルギービーム溶接

溶接のための加熱の熱源として，電子ビームやレーザビームなどの高エネルギービームを用いることがある．高エネルギービームは小さな領域にエネルギーを集束させることができ，表 8.1 に示すようにエネルギー密度はアークに比べて 10〜100 倍以上にもなる．エネルギー密度の高い場合，溶融した金属が気化して

表8.1 各種熱源のエネルギー密度

熱源の種類		エネルギー密度 (W/mm²)
ガス炎	酸素-アセチレン炎	~1×10
光ビーム	太陽集光ビーム	1~2×10
アーク	プラズマアーク	5~10×10²
高エネルギービーム	電子ビーム	1×10⁴ 以上
	CO_2, YAGレーザ	1×10⁴ 以上

圧力の高い金属蒸気が発生し,溶融金属の中にビーム孔,またはキャビティと呼ばれる深い孔ができる.電子ビームやレーザビームではビームがこの孔を通って母材内部を加熱することになり,深い溶込みの溶接を可能にするため高融点金属の溶接が容易で,精密な溶接が可能である.電子ビームは真空中で溶接するため大がかりな真空装置が必要であるのに対し,レーザビームは大気中で溶接可能である.

8.3 抵抗溶接

抵抗溶接は溶接する部材の接触面に電流を流し,抵抗発熱により接合部を溶融させるとともに圧下力を加えて接合する方法である.単位体積当たりの抵抗発熱量 (J/m^3) は以下のようになる.

$$Q = RI^2 t \tag{8.1}$$

ここで,R:比抵抗 ($\Omega\cdot m$),I:電流密度 (A/m^3),t:通電時間 (s) である.

高能率の溶接には電流密度 I を大きくして通電時間を短くする方がよく,大電流・短時間通電が行われる.なお,抵抗溶接での抵抗値には金属材料の固有抵抗に加えて,溶接される部材間の接触抵抗が重要な役割を担っている.

a. スポット溶接

スポット溶接(点溶接)は,図8.6のように銅電極間に金属板材を挟み,加圧しながら大電流を短時間(通常1秒以内)流し,板間接触部に碁石状のナゲットと呼ばれる溶融部を形成させる方法である.2枚の板を接触させて通電した場合,4.1節で説明したように真実接触面積が小さいため,真実接触部に電流が集中する.このことは接触部の電気抵抗が大きいことを意味し,スポット溶接では2面の接触部から先に加熱され溶融する.電極による加圧力を小さくすると,接

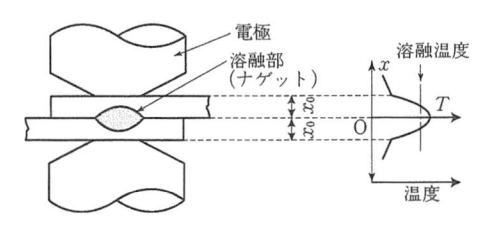

図 8.6 スポット溶接

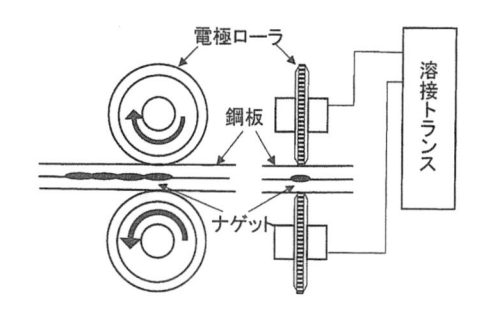

図 8.7 シーム溶接

触面積が小さく接触抵抗が大きくなるために発熱量が大きくなるが，加圧力が小さすぎるときには，局部的に溶融した金属が板の間から飛散する「散り」を生じ，ナゲット内に空孔などの欠陥が生じる．

b. シーム溶接

抵抗溶接により 2 枚の板を連続的に接合する方法をシーム溶接という．シーム溶接では，図 8.7 に示すように回転する円板電極により加圧，通電することにより溶接を順次進める．ナゲットを連続的に生じさせるために，適当な時間間隔で断続的に通電する．シーム溶接は，自動車のガソリンタンクのように気密性を必要とする容器などを作成するために使用される．

8.4 ガス溶接

ガス溶接は，ガスの燃焼熱により接合する部材と溶接棒とを溶かして溶融するものである．ガスとしては水素，天然ガスなども利用可能であるが，C_2H_2（アセチレン）が最も広く用いられている．ガス溶接は普通，電気を用いた溶接が行われない環境で使用されることが多く，その操作も手動で行われる．

アセチレンガスの溶接の場合，図 8.9 に示すような装置を用いて，アセチレン

コラム

船の鉄板の接合方法

　プラスチック模型で戦艦大和などのモデルをみると，船の側面に小さな点々が並んでいる．これは図8.8のようなリベットで2枚の板を接合したときの，リベットの頭部が点のようにみえるためである．このように，第二次大戦の軍艦はリベットを使って接合していた．

　しかし，日本は第二次大戦の始まる10年ほど前の1931年に，世界で初めて電気(アーク)溶接で敷設艦八重山をつくっている．1935年に海軍の演習が行われたとき，あいにく台風にぶつかり，八重山をはじめ多くの船が損傷を受けた．リベットでつくられた船も損傷を受けたが，損傷を受けた船の多くが溶接船であった．いまから考えると，当時の溶接技術では，溶接部に大気が入って衝撃強度が低かったのではないかと思われる．この事件を海軍は第四艦隊事件として調査し，溶接で軍艦をつくることを禁止した．このため，第二次大戦で使われた軍艦はリベット船ばかりになったのである．

　第二次大戦中にアメリカでは溶接技術が大きく進歩し，溶接船がつくられるようになっていた．戦後の日本は，アメリカの溶接技術を導入し，サブマージドアーク溶接など溶接強度の高い方法でタンカーなどの船を大量生産し，世界一の造船国となった．

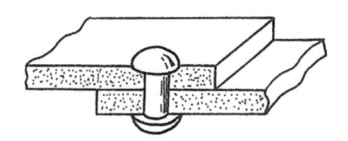

図8.8　リベット

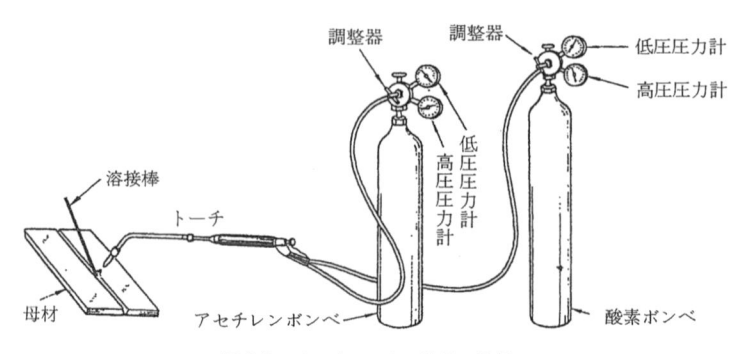

図8.9　アセチレンガス溶接の装置

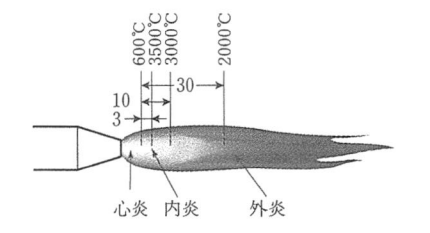

図 8.10 アセチレンの炎
（寸法単位は mm）

と酸素とをトーチで混合し，混合ガスを燃焼させる．アセチレンと酸素の供給量の比によって燃焼状態は異なるが，両者が同じ量である場合には

$$C_2H_2 + O_2 \longrightarrow 2\,CO + H_2 \tag{8.2}$$

の1次反応が生じ，3000℃以上になる．生じたCOとH_2はさらに空気中の酸素との2次反応により二酸化炭素と水蒸気になる．この結果，図8.10のように中心部に1次反応の高温で白い光の炎と，周辺に2次反応の青白い光の部分からなる炎になる．溶接作業は白色の中心炎の近くで溶接棒を溶かすことにより行う．

8.5　ろ　う　接

接合する金属より低い溶融点のろう材を，あらかじめフラックスを塗布した接合部に流入させて，接合材を溶融させることなく接合することを「ろう接」という．接合の機構としては，部材-ろう材間における合金（固溶体）や金属間化合物の生成および機械的結合などがある．ろう材として様々な金属が用いられるが，融点が450℃以上の場合を硬ろう，それ以下の場合を軟ろうと呼んでいる．硬ろうには，アルミニウムろう，銅および黄銅ろう，銀ろう，ニッケルろう，鉄ろうなどがあり，高い接合強度が得られる．軟ろうとしては，すず-鉛（はんだ），鉛-カドミウム，カドミウム-亜鉛などの合金が用いられる．

ろう接の特徴は，母材への熱影響が少なく，小物や複雑形状の接合が可能であり，ろう材の選択によっては異種金属の接合も行えることにある．

8.6　固　相　接　合

金属原子が原子間距離まで近づくと引力が働くようになり，接合するはずである．しかし，金属の表面には4.1節で説明したように，酸化皮膜や汚れ膜などが

存在するため，空気中では原子を原子間距離に近づけることはできない．何らかの方法で二つの面の間を原子間力が働く距離まで近づけ，母材を溶融させずに固相状態のままで接合することを「固相接合」と呼ぶ．金属を固相状態で接合させるには，酸化膜や汚染層のない清浄な面を密着させる必要がある．これを達成するために，拡散による原子の移動や塑性変形による酸化膜の破壊が利用される．

a. 拡散接合

接合すべき部材面を接触させ，塑性変形が生じない程度の加圧力を与えながら長時間加熱・保持し，接触面間に原子拡散を起こさせる．接触面の平滑化や清浄化が非常に重要であり，真空雰囲気中で行われることが多い．拡散接合の主な因子は，温度，圧力，時間であるが，接合強度に最も大きな影響を与えるのは温度である．

b. 圧　　接

2面を押し付けて原子間引力が作用するほど接近させることにより接合することを利用した接合法が圧接法である．冷間圧接は常温下で金属を加圧して塑性変

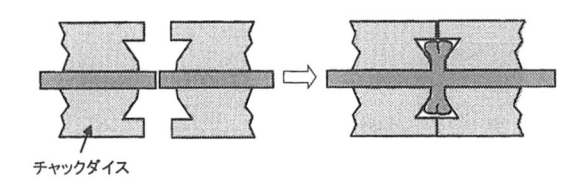

図 8.11　冷間圧接法（突合せ圧接）

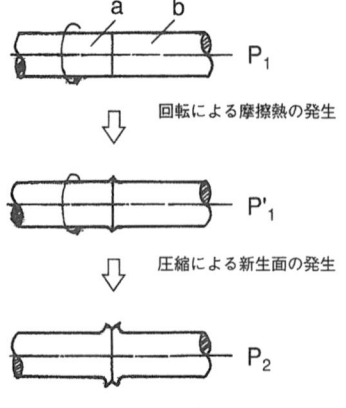

図 8.12　摩擦圧接の工程

形を与えながら接合する方法である．室温では酸化膜を除去するのが困難であるため，接合前の金属ブラシによるブラシングなどの予備加工を行う必要がある．冷間圧接の一種である突合せ圧接法を図 8.11 に示す．材料に大きな塑性変形を与えて接触部の面積を増大させ，生じた新生面どうしが接触するようにして線材を接合する．

加熱しながら圧縮して圧接する方法が熱間圧接である．高温では拡散が促進されるため，冷間に比べて比較的容易に接合が可能である．溶接鋼管は丸めた板の端部を通電により加熱して圧接することにより連続的に製造される．図 8.12 は摩擦熱を利用して加熱する摩擦圧接法であり，棒材の接合などに使用される．

演 習 問 題

8.1 アーク溶接における溶極法と非溶極法の特徴を述べよ．
8.2 スポット溶接の電極材料として要求される特性は何か．
8.3 アルミニウムのガス溶接は可能か．
8.4 ろう接の加熱源としてどのようなものが用いられているかを調査せよ．
8.5 異種金属の接合法としてどのような方法が考えられるか．

9. プラスチックとセラミックスの加工

9.1 プラスチック

　プラスチックは合成樹脂あるいは単に樹脂と呼ばれているが，ゴムや合成繊維などと同じ高分子材料であり，非常に大きな分子量をもっている．表9.1に代表的なプラスチックの特性と用途を示す．プラスチックは温度特性により，「熱可塑性樹脂」と「熱硬化性樹脂」とに大別される．また用途により，広く使用される「汎用プラスチック」と機械部品などに使われる「エンジニアリングプラスチック」とに分類することもある．

　代表的な熱可塑性樹脂であるポリエチレンは図9.1(a)のような簡単な分子構造をもち，分子量は1000～100000に達する．低温では鎖状の分子が図9.1(b)

表9.1　代表的なプラスチックの特性と用途

種類	名称	特性	用途
熱可塑性樹脂	ポリエチレン	低摩擦，耐水性，絶縁	バケツなどの日用品，フィルム
	ポリ塩化ビニル	分子量が小さい硬質のものと，高分子の軟質とがある	包装用フィルム，電線被覆，パイプ
	ポリプロピレン	電気絶縁性，耐水性，耐薬品性	電気部品，ロープ，バンパなど
	PET (ポリエチレンテレフタレート)	耐熱性，高強度	飲料水容器，ガラス繊維強化板
	ナイロン (ポリアミド)	高強度，高弾性係数エンジニアリングプラスチック	歯車など機械部品，電気部品
熱硬化性樹脂	フェノール樹脂	耐熱性，難燃	基板，コネクタ，スイッチ
	アクリル樹脂	耐水性，耐薬品性，透明	タンク，化粧板
	エポキシ樹脂	接着性，耐候性，耐薬品性	接着剤，機器部品

(a) 化学構造　　(b) 鎖分子のからみ　　図 9.1　ポリエチレンの構造

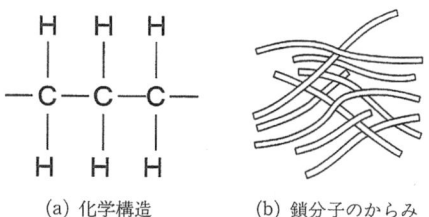

のようにからみ合ったり部分的に結晶化したりしているため変形しにくいが，温度が高くなるとからみ合っている部分の強度が低下し，容易に変形するようになる．一般に熱可塑性樹脂に熱を加えると軟化し，さらに熱すると液体になる．これを冷却するともとの固体に戻るが，この過程に化学反応はない．熱可塑性樹脂には，ポリバケツなどで使われているポリ塩化ビニル (PVC) や，PET ボトルに使われるポリエチレンテレフタレートなどがある．

熱硬化性樹脂は熱を加えるとまず軟化するが，さらに加え続けるとしだいに硬化して固体になる．これは加熱により化学反応が生じるためであり，固体→液体→固体の不可逆過程を示す．いったん固化した熱硬化樹脂は 3 次元的に結合しており，温度を上げても軟化することはない．加工においては，型の中で高温に保持して重合させる方法が用いられる．熱硬化性樹脂には，電気部品の基板などに用いられベークライトと呼ばれているフェノール樹脂や，二液タイプの接着剤に用いられているエポキシ樹脂などがある．

プラスチックの成形方法の多くは，金属の鋳造のように溶けた状態で型に流し込んで行われる．プラスチックが金属と異なる大きな特徴は，高温で粘弾性の材料特性であるため加工速度の影響を強く受けることと，加工された後で分子の配列がそろい材質の方向性が生じることである．このため，欠陥なく加工したり加工材の機械的特性を向上させたりするには，加工温度と速度を制御することが重要である．

9.2　プラスチックの成形

プラスチックの加工においては，粒状や粉末状の素材の温度を 150～300℃ に上げて液状化し，型に入れて成形する方法が用いられる．

a. 射出成形

　射出成形法は，熱可塑性樹脂および熱硬化性樹脂の両方に用いられる代表的な成形方法である．加工工程は金属のダイカストに似ているが，図9.2に示すように溶融材料ではなく粒状の固体原料（ペレット）を加工機械に供給し，シリンダー内で加熱しながら混練・溶融する．高温の材料が金型内に射出，保持（保圧）されるため，金型は内部に埋め込まれた冷却管により温度制御されている．図9.3に射出成形の主な工程を示す．直接的な工程である型閉じ，型締め，射出，保圧，冷却，型開き，成形品突き出しにおいて，冷却工程が比較的長い（通常は1～2分）ため，次の材料の加熱である可塑化が同時に進行し，1回のサイクル時間は2～3分である．成形品としては，小物の電子部品から大型品の自動車用バンパまで成形が可能である．

　この成形法の長所は，①複雑形状品がつくれる，②サイクル時間が速く大量生産向き，③多数個の成形が可能，④転写性に優れる，⑤品質が安定しているなどである．一方，高強度の金型が必要であるため，金型費が高いことが最も大きな

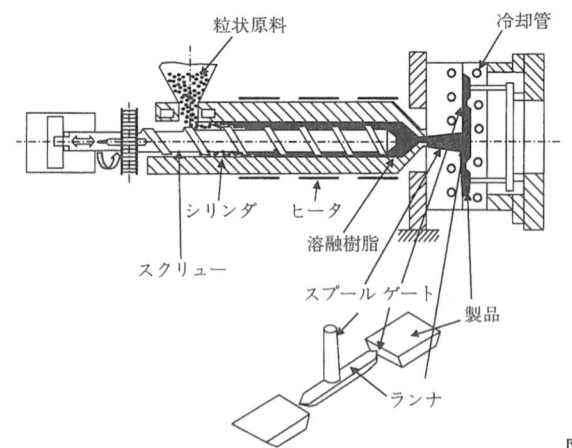

図9.2　射出成形機と金型の構造

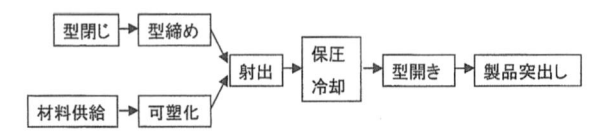

図9.3　射出成形の工程

> **コラム**
>
> **高分子の歴史**
>
> 　高分子材料の歴史は意外に古く，コロンブスが1493年に二度目のアメリカ渡航をした際，ハイチ島で原住民がゴムの木の樹液を集めて固めたゴムボールで遊んでいるのを目にしたことが起源といわれている．1839年グッドイヤーにより，天然ゴムに硫黄を混入させて，加熱すると硬く弾力性のあるもの（いわゆる加硫ゴム）が開発され，いっきに実用化への道が開かれた．その後，天然ゴムにはない高分子材料を合成するという試みが盛んに行われるようになり，1928年ドイツでブタジエンゴムが初めて工業化された．しかし当時は軍事戦略物質であった天然ゴムは東南アジアなどの一部でしか栽培できず，供給源を確保するために各国とも不安のある時代であった．このことが合成ゴムの研究をさらに加速させることになり，またこれに連動してプラスチック（合成樹脂）の研究，開発が盛んになってきた．1933年にはポリエチレン，1935年にはナイロンなどが次々に発見されるようになった．

問題である．

　金型の設計技術では，溶けた材料の流路であるスプール，ランナ，ゲート（図9.2参照）をいかに効率よく設計するかが重要になる．スプールなどは，成形後には役目を終え捨てられてしまうため設計は軽視されがちであるが，成形品の品質と原価に最も影響がある．これらのものは大きすぎると材料の歩留まりが悪くなりコストアップをまねく．小さすぎるとプラスチックの射出抵抗が大きくなり，材料が完全に充塡されずに成形不良（ショートショット）が生じる．

b. ブロー成形

　図9.4に示す「ブロー成形法」は，熱可塑性樹脂に用いられるボトル状製品の加工方法である．これは，加熱溶融させたプラスチックをダイヘッドからチューブ状のパリソンに押し出し，パリソンを金型に入れると同時にパリソン下部を融着させ，内部に空気を吹き込んで成形する方法である．この方法はプラスチックの風船を金型内で膨らませて，金型面に接触したら風船が冷却・固化され，形をなす工程と考えればよい．したがって複雑な形状の部品を容易につくることができるが，部品肉厚を安定して均一に得ることが難しい．

　この成形法の大きな特徴は，中空品をつくることである．ほとんどのプラスチックボトルはブロー成形品であり，近年生産量が急増している飲料用のPET

ボトルがブロー成形品の代表例である．また，この成形法では自由な形(面)をつくることができるため，3次元的な複雑に曲がりくねったパイプなどが容易に成形できる．自動車用のプラスチック製ガソリンタンクもこの成形法によりつくられている．

　この成形法の長所は，複雑形状を有する中空品を成形できる，金型が安価(耐圧が射出成形に比べて格段に低い)でできる，ラベルを事前に金型に挿入すれば，同時成形・加飾が可能，パリソンを多層とすることにより性質の異なった多層成形品がつくれるなどである．

　一方短所としては，複雑になればなるほど肉厚分布が生じやすい，金型との接触が片面であり(射出は両面)，品質が安定しにくい，同様に片面からの冷却のためサイクルが長い，多数個の成形ができないなどがあげられる．

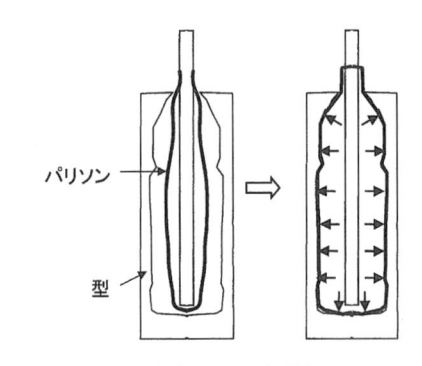

図 9.4　ブロー成形法

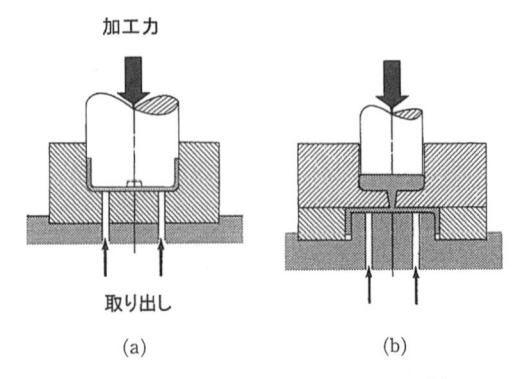

図 9.5　圧縮成形(a)とトランスファ成形(b)

c. 圧縮成形とトランスファ成形

熱硬化性材料の場合には高温で硬化させる工程が必要であり，液体の状態で金型に充満させ，高温に保って硬化させる圧縮方法がよく用いられる．圧縮成形は図 9.5(a) のように型の中に熱硬化樹脂を注入して圧縮し，そのまま型の内部で硬化する方法である．圧縮成形法は生産能率が低いため，電気部品などでは図 9.5(b) のように押出しにより型に充満させるトランスファ成形が用いられている．これは塑性加工の押出形式の鍛造（図 7.4 参照）と同じような形式の加工方法である．

9.3 セラミックス

セラミックスとは，陶磁器類あるいは窯業製品を意味する言葉である．窯業では比較的低温で焼き固めたものを陶器，高温で焼いたものをセラミックス（磁器）と呼んできたが，一般的には両方ともセラミックスといえる．セラミックスの原料として，最初は天然の粘土が使われていたが，現在では陶芸品などの美術品以外は，天然の粘土をそのまま使用することはない．送電の絶縁に用いられる碍子（ガイシ）やエンジンの点火プラグにも天然のアルミナを精製して用いてい

表 9.2 代表的な構造用セラミックスの主な特徴と用途

名　称	組　成	特　徴	主な用途
アルミナ	Al_2O_3	空気中でも熱的，化学的に安定で，1000℃くらいまでであれば強度や硬度も高く耐摩耗性に優れる．また，電気絶縁性が高い	耐熱構造材，切削工具，砥石，耐摩耗材，IC基板
ジルコニア	ZrO_2	アルミナと同じく酸化物系で，耐熱性に優れる．部分安定化ジルコニアは高強度で靭性が高い．熱膨張係数が金属に近く，組合せ材として有用．また，生体性が良好である	エンジン部品，刃物，摺動部品，高温ロール，型工具，人工歯根，人工骨
窒化ケイ素	Si_3N_4	高強度，高靭性材料で1000℃までの特性劣化がない．密度が小さくジルコニアの約1/2である．熱膨張が小さく，耐熱衝撃性に優れる	切削工具，エンジン部品，ターボチャージャ・ロータ
炭化ケイ素	SiC	高温での強度劣化がほとんどなく，1400℃以上の耐熱性があり高硬度で耐摩耗性が高い．ただ，室温での強度は窒化ケイ素に比べると低い	切削工具，ディーゼルエンジン部品，高温燃焼部品

> **コラム**
>
> ### 飴のように伸びる超塑性セラミックス
>
> 金属材料は高温になると軟化して変形しやすくなるが、セラミックスはかなりの高温になっても軟らかくならないし、力を加えても曲がったり伸びたりしない。このように、高温でも強くて変形しにくいことはセラミックスの最大の特徴であるが、加工の面からは金属材料のように塑性加工できないことが大きな弱点である。ところが、セラミックスでも飴のように伸びる超塑性現象を発現できることが、日本の研究者によってジルコニアセラミックスで発見され、セラミックスの塑性加工も夢ではなくなった。その後、超塑性セラミックスの種類も増え、工業製品だけではなく、人工骨に応用する研究も始まっている。セラミックスが数百％もの巨大な超塑性伸びを可能とする鍵は、焼結の際に結晶粒子の成長を抑えて微細（結晶粒径が約 $0.5\ \mu m$）に保つことであるが、原料粉末の性質、サイズはもちろんのこと、焼結温度、反応条件などの管理が重要である。

たが、最近では合成原料が使用されるようになっている。

表9.2に代表的なセラミックスの特徴と用途を示す。化学組成によって、酸化物セラミックスと非酸化物セラミックスに大別され、両者の代表的なセラミックスをあげると次のように酸化物系と非酸化物系になる。

酸化物セラミックス：アルミナ (Al_2O_3)，ジルコニア (ZrO_2)

非酸化物セラミックス：窒化ケイ素 (Si_3N_4)，炭化ケイ素 (SiC)

これらのセラミックスは、融点が高い、硬度、弾性率、高温での強度が高い、摩耗、酸化および腐食に対する抵抗が高いなど、熱的・化学的安定性に優れている。また、比重が小さいので、軽くて強い（比強度が大きい）ことが大きな特徴である。

セラミックスは金属と同じように結晶が集まってできた多結晶である。セラミックス粉末は高純度の微粒子であり、主として反応、還元、分解、合成などの化学的な方法によってつくられる。多成分のセラミックスの場合、金属酸化物などの原料粉末を液体中で混合し、電気炉で加熱して化学反応を生じさせて合成した後、粉砕して粉末にする。

9.4 セラミックスの加工

セラミックスに形状を与え強度を高めるために，成形および焼結が行われる．粉末からつくられるセラミックスには空隙や空孔が含まれているが，これらが少ないほどセラミックスの強度が高くなる．空隙の多少は焼結条件によって異なり，セラミックスの製造では焼結が材質を決定する工程である．

a. 粉末成形

セラミックスは硬くてもろいために，金属のように塑性変形をさせて成形することはできない．このため，粉末の加圧成形，粘結剤を混合して行う可塑成形，水などで流動性を与えて行う鋳込み成形などで成形する．圧粉体の密度が不均一であると，次の焼結過程で不均一に変形して割れを生じたりするため，できるだけ均一な密度にする必要がある．

① プレス型成形法：図 9.6 のように金型に入れた粉末をプレスにより圧縮成

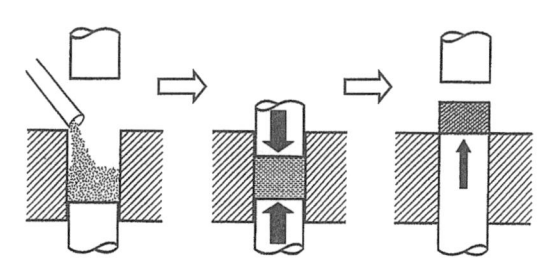

図 9.6 プレス型成形法

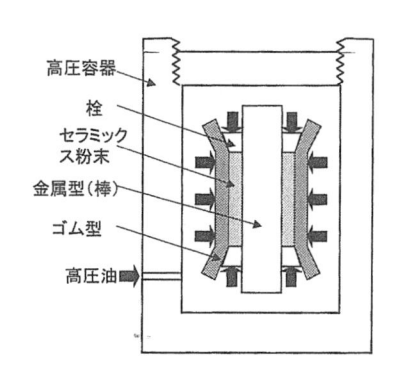

図 9.7 ラバープレス法
(冷間静水圧成形：CIP)

形する方法である．この方法は単純形状品に用いられ，生産性に優れるが密度勾配が生じやすい．

② ラバープレス法：図9.7のようにゴム型に粉末を充填し，高い液圧を周囲から作用して等方的に加圧することで密度勾配を均一にする．本法は冷間静水圧成形 (cold isostatic pressing：CIP) とも呼ばれる．

③ 押出成形法：金属の押出しと同じであるが，セラミックス粉末を粘結して可塑性を与えるために成形助剤として有機粘結剤を混合する．断面形状が一定の長尺物の成形に利用される．

④ 射出成形法：プラスチックの射出成形の応用で，可塑性を与えた材料から回転翼のような3次元で複雑な形状の部品を精度よく量産できる．

⑤ 鋳込み成形法：セラミックス粉末に水を加えてスラリー状にし，吸水性の型 (石こうなどの多孔質の型) に流し込み固化させて成形する．複雑形状の成形が容易，設備費用が安価で済むのが長所で，生産性が悪いのが短所である．少量生産に向いている．

b. 焼　　結

圧粉体のままでは強度が非常に低いため，圧粉体を高温に保持して粒子どうしを結合させる焼結を行い，強度を高める必要がある．陶磁器の生産において，粘土でつくった作品を高温の窯の中で焼く作業も焼結である．3.4節で説明した金属の焼結と同じように，焼結は圧粉体を融点に近い高温 (絶対温度で表した融点の約2/3以上) に保持して，粒子どうしを拡散接合させる作業である．セラミックスでは，1400℃近辺で10～30時間保持される．高温では原子が自己拡散により移動し，粒子の接触部が一体化する．さらに，内部空隙の表面に作用する表面張力により空隙がしだいに小さくなり，密度が上昇する．焼結により部品の体積は30～50％程度も縮小する．焼結時の寸法の収縮率を $\Delta L/L_0$ とすると，焼結体の体積は次式で与えられる．この体積変化から密度変化が求まる．

$$V = V_0(1 - \Delta L/L_0)^3 \tag{9.1}$$

ここで，V_0 および L_0 はそれぞれ焼結前の体積と長さを表す．

平均的に密度が増加しても，密度勾配が大きいと形状がゆがんでしまう．全体的な収縮と形状のひずみを小さくするには，密度分布を均一にするとともに空隙を減らして密度を高める (緻密化) ことが必要である．空隙率が0のときの引張強さと縦弾性係数を σ_{T0}, E_0 とすると，焼結体の強度 σ_T，縦弾性係数 E，空隙率

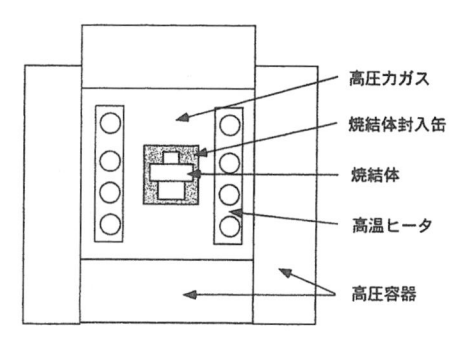

図9.8 熱間静水圧成形(HIP)

p の関係の実験式は次のようになる.

$$\sigma_T = \sigma_{T_0} e^{-np} \tag{9.2}$$
$$E = E_0(1.0 - 1.9p + 0.9p^2) \tag{9.3}$$

ここで，指数 n はセラミックスの種類によって異なるが，通常 4～7 である．この経験式に示されるように，緻密化は強度向上に対しても重要である．

c. 熱間静水圧成形

図9.7に示した冷間静水圧成形(CIP)では成形後に焼結を行うが，静水圧成形を高温で行いそのまま焼結できると，非常に密度の高い焼結品を生産することができる．この目的で開発されたものが熱間静水圧成形(hot isostatic pressing：HIP) である．図9.8はHIPの概念を示すものであり，1000℃以上の高温下で1000気圧以上の圧力を加えながら焼結を行う．圧力媒体としては，アルゴンなどの不活性気体が用いられる．また，粉末を入れる容器には金属の缶が用いられる．HIP処理を行うと，空隙を消滅させて強度と信頼性を向上できるので，重要保安部品や高応力・長寿命部品(例えば，型や工具類)の加工に活用されている．このHIP処理は，金属焼結品およびセラミックスいずれにも同じ効果を発揮する．ただ生産性が低いために，コストの点から少量生産品や廉価な製品加工には不向きである．

d. セラミックスの仕上加工

セラミックスを機械部品として使用するには，最後に切削や研削などにより仕上加工を行うことが不可欠である．しかし，セラミックスは強度が高くてもろいため，仕上加工が非常に困難である．セラミックスの仕上加工には11章で説明する研削や砥粒加工が多く用いられている．アルミナなどの硬いセラミックスに

は，ダイヤモンド砥石や砥粒が用いられる．切削が可能なセラミックスとして，マイカセラミックスが知られている．

演 習 問 題

9.1 プラスチック製品の品質に対する，粘弾性の悪影響について調査せよ．
9.2 プラスチックに異種材料を添加して複合化することで，多様な機能向上が図られている．実用例をあげよ．
9.3 自動車のターボチャージャのロータや発電機のタービン翼にセラミックスが用いられている．その使用理由について考察せよ．
9.4 焼結の際の寸法収縮を4%とする．この条件で，焼結後に95%以上の製品密度を得るのに必要な成形体の密度を求めよ．
9.5 加圧焼結によってセラミックス焼結体の空隙率が15%から2%に減少した場合，焼結体の引張強さおよび弾性率(E)はどれだけ向上するかを求めよ．ここで，指数$n=5$として計算せよ．

10. 切削加工

　切削加工は，刃物（切削工具）を使って工作物から不要な部分を切りくずとして削り取り，所定の形状にする加工法である．高価な工具を必要としないため，少量生産に対応しやすい．切削の特徴は高い精度の加工が可能であることで，仕上加工に用いることが多い．一方，徐々に加工を行うため加工時間が長くなり，コスト高になりやすい．

　高速の切削では素材の大きな塑性変形と厳しい摩擦条件により，工具表面は1000℃程度にも熱されて急速に摩耗する．高速切削で工具摩耗を少なくするため，高温硬さの高い工具材料を使用したり，切削油を工具面に供給して摩擦を減らし工具を冷却したりする．切削を行う工作機械はNC（数値制御），CNC（計算機制御）により複雑な形状の加工が可能であり，ほとんど無人で加工が行われる．無人運転においては，連続的な切りくずが生じると工作機械にからみ付き作業に支障をきたすので，切りくずを適当な大きさに分断するように工夫している．

　切削工具には，使用する工作機械や作業用途によりいろいろな種類のものがある．図10.1は，様々な切削方法での工具と加工状態を示したもので，(a) 円筒面の旋削加工，(b) 平面のフライス加工，(c) ドリル加工，(d) 歯車の歯切加工，(e) キー溝などのブローチ加工である．旋削加工で使用するバイトのように1個の切れ刃の工具を単刃工具，フライス，ドリル，ホブ，ブローチのように多くの切れ刃が同時に切削を行う工具を多刃工具と呼ぶ．

10.1 切削機構

a. 2次元切削

　図10.2(a)は，基本的な切削の様子を示したもので，(b)は(a)の状態を真横からみたものである．この図は，同じ変形状態が奥行方向に続く「2次元切削」である．切削工具（バイト）に切込みを与えて工作物を矢印の方向へ動かすと，

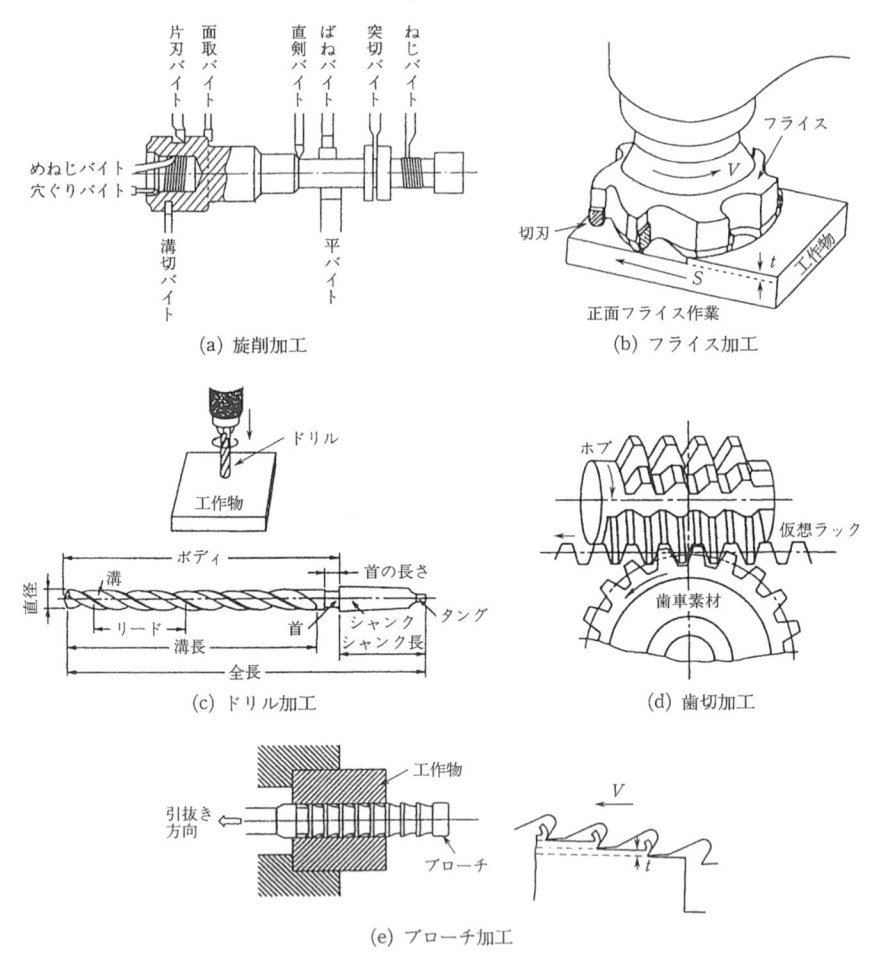

図10.1 各種の切削方法における工具と加工状態

(a) 旋削加工 — めねじバイト, 穴ぐりバイト, 片刃バイト, 面取バイト, 溝切バイト, 直剣バイト, ばねバイト, 平バイト, 突切バイト, ねじバイト

(b) フライス加工 — 正面フライス作業, フライス, 切刃, 工作物

(c) ドリル加工 — ドリル, 工作物, 直径, 溝, リード, ボディ, 溝長, 首, 首の長さ, シャンク, シャンク長, タング, 全長

(d) 歯切加工 — ホブ, 仮想ラック, 歯車素材

(e) ブローチ加工 — 工作物, 引抜き方向, ブローチ

工作物は工具により大きな力を受け,せん断面で大きく塑性変形し,切りくずとなって工作物から離脱する.せん断面が切削方向となす角をせん断角,切りくずが流れる工具面を「すくい面」,すくい面が仕上面の法線となす角を「すくい角」と呼ぶ.実際の切削加工はこの図のような簡単な2次元切削状態ではなく,変形状態が複雑な3次元切削であるが,基本的な機構は2次元切削と変わらない.

b. 2次元切削における切削抵抗

図10.3に示す2次元切削モデルにおいて,せん断角をϕ,切込みをt_1とすると,刃先前方のせん断面OAで塑性変形を受け,厚さt_2の切りくずとなる.幾

10.1 切削機構

(a) 切削状態

(b) 切削の用語((a)を真横からみたもの)

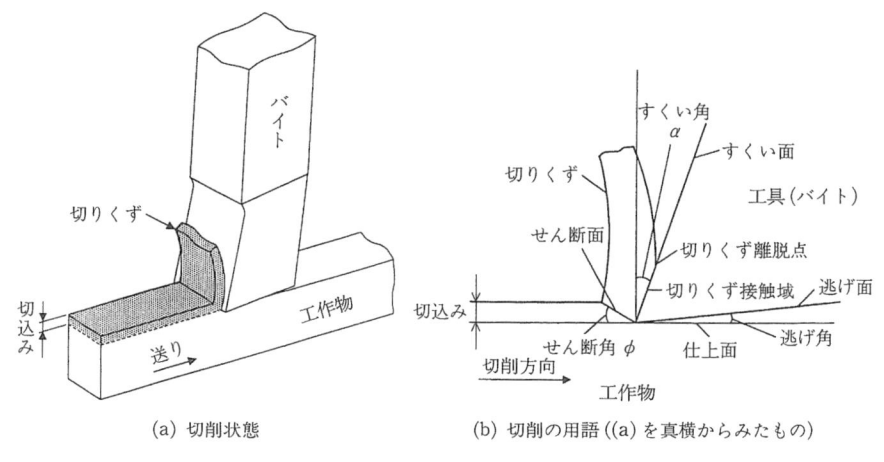

図 10.2 切削の原理(2次元切削)

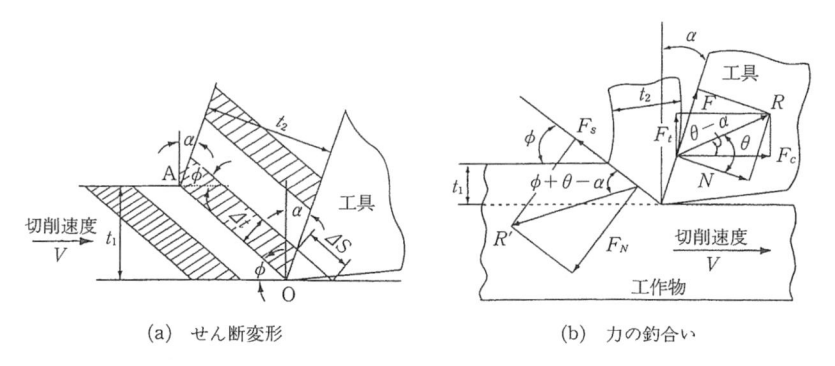

(a) せん断変形

(b) 力の釣合い

図 10.3 2次元切削モデル

何学的関係から，すくい角を α，せん断面 OA におけるせん断ひずみを γ とすると

$$\gamma=\frac{\Delta S}{\Delta t}=\cot\phi+\tan(\phi-\alpha) \tag{10.1}$$

$$\tan\phi=\frac{(t_1/t_2)\cos\alpha}{1-(t_1/t_2)\sin\alpha}=\frac{r_c\cos\alpha}{1-r_c\sin\alpha} \tag{10.2}$$

となる．ただし，$r_c=t_1/t_2$ を「切削比」という．実験によると，ϕ は $10\sim30°$ の範囲にある．

切削仕事は切りくずの変形と摩擦に使われるため，ひずみが大きいほど，切削仕事，切削力が大きいことになる．式(10.1)から，せん断角 ϕ が小さくなるほ

ど，また切削比が小さくなるほど，ひずみは増大する．すなわち，切りくず厚さが厚くなるほど，切削力が増大することになる．

切削抵抗 R は，切削方向の分力 F_c(主分力)と，切削方向に垂直な方向の分力 F_t(背分力)に分けて測定される．R を，すくい面の摩擦力 F，垂直力 N に分けて考えると，

$$F = F_c \sin \alpha + F_t \cos \alpha \tag{10.3}$$

$$N = F_c \cos \alpha - F_t \sin \alpha \tag{10.4}$$

となる．すくい面上の平均の摩擦係数 μ，摩擦角 θ(4.1節参照)は，

$$\mu = \tan \theta = \frac{F}{N} = \frac{F_t + F_c \tan \alpha}{F_c - F_t \tan \alpha} \tag{10.5}$$

により求められる．

【例題】 すくい角 $\alpha = 15°$ のバイトを用いて炭素鋼を切削幅 $b = 5$ mm，切込み $t_1 = 0.1$ mm で2次元切削したところ，主分力 $F_c = 127$ kgf，背分力 $F_t = 55$ kgf，切りくず厚みが 0.25 mm であった．このとき，せん断ひずみと工具すくい面での摩擦係数を求めよ．

［解答］ 式(10.2)より，$\tan \phi = r_c \cos \alpha / (1 - r_c \sin \alpha) = 0.4 \times 0.966 / (1 - 0.4 \times 0.259) = 0.43$，$\phi = 23.31°$ となり，式(10.1)より $\gamma = 2.32 + 0.15 = 2.47$ が得られる．このせん断ひずみは，2.1節で説明したように引張りでの対数ひずみでは $\varepsilon = 1.24$ 程度に相当する大きなひずみである．また，式(10.5)より $\mu = 0.79$ となる

もつれた切りくず(不良)

斜めのらせん状切りくず

長い円筒らせん状切りくず

渦巻きらせん状切りくず

縮れた切りくず

図 10.4 代表的な切りくず形状

が，表 4.1 と比較するとかなり大きな値であることがわかる．

c. 切りくず

高温の切りくずが，切削工具や工作物にからみ付いたり飛散したり特定の場所に堆積したりすると，切削仕上面をいためたり工具の損傷の原因になる．切りくずは連続加工の障害となるため，その処理は切削加工の高速化，自動化にとって特に重要視される．

図 10.4 に切りくず形状の例を示す．切りくずの形態は連続形切りくずと不連続形切りくずに大別され，図 10.5 に示すように連続形切りくずは流れ形 (a)，不連続形切りくずはせん断形 (b)，むしれ形 (c)，き裂形 (d) などである．材料の延性が大きいと連続形切りくず，延性が小さくなるに従い分断されるようになる．連続形切りくずの処理のため，工具すくい面につけたチップブレーカにより切りくずを強制的に曲げて短く折断する工夫がなされている．延性の大きい材料は切りくずが折断されにくいため，延性を小さくした快削鋼を用いることもある．

d. 構成刃先

図 10.6 に示すように，切りくずの一部が刃先の近くに圧着堆積したものを「構成刃先」という．構成刃先は炭素鋼の低速加工で生じやすく，これが切削工具の刃先のようになって切削を行うが，1/100 秒程度の周期で発生，成長，分裂，脱落を繰り返す．構成刃先が発生すると，仕上面粗さの増大や工作機械の振動が生じたり，工具刃先の摩耗促進の原因となる．軟鋼では切削温度が 500〜600℃ 以上になると構成刃先は消滅する．

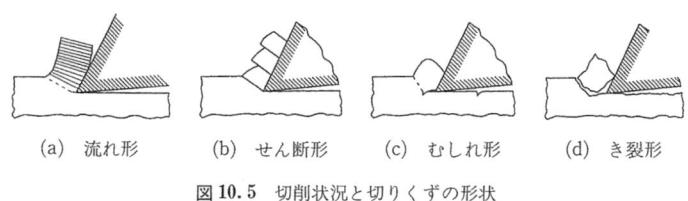

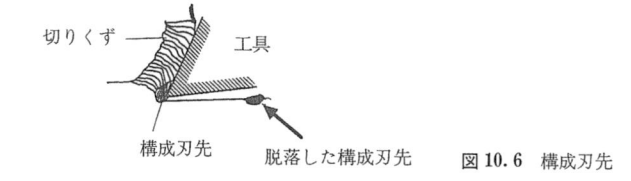

(a) 流れ形   (b) せん断形   (c) むしれ形   (d) き裂形

図 10.5　切削状況と切りくずの形状

図 10.6　構成刃先

10.2 切削温度と工具摩耗

切削に用いられた塑性変形仕事(2.5節参照)や摩擦仕事はほとんど熱に変換され,切削工具,工作物,切りくずの温度を上昇させる.図10.7に切削温度分布の計算例を示す.工具すくい面では,高温の切りくずからの熱と摩擦熱とによって刃先から少し離れた位置で最高温度になり,切削条件によっては1000℃を超える場合もある.切りくずも高温となり,鋼では500℃を超えるあたりから薄い酸化膜を生じ,光の干渉により青色にみえるようになる.温度が上がると工具は急激に摩耗するようになる.摩耗した工具で切削をすると,切削力が大きくなり仕上面の状態が悪化するため,工具を交換する必要がある.

10.3 仕上面粗さ

旋削された仕上面の理論的な粗さは幾何学的に求めることができる.仕上切削の場合,理論最大高さ Ry は図10.8を参照すると次のようになる.

$$Ry = \frac{f^2}{8r} \quad (ただし,\ f \leq 2r \sin \xi) \tag{10.6}$$

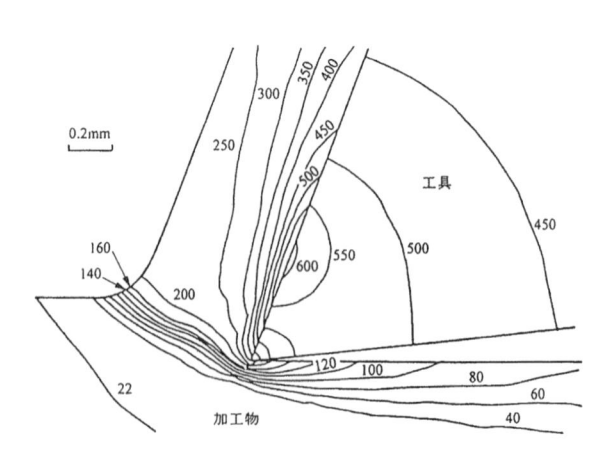

図10.7 切削における温度分布(計算)

図中の数字は温度[℃].被削材:0.13%C快削鋼,工具:超硬合金,すくい角:20°,逃げ角:6°,切取厚さ:0.274 mm,切削幅:9.5 mm,切削速度:78 m/min.

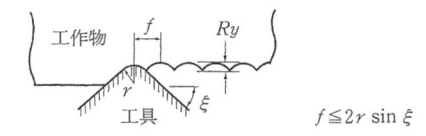

図 10.8 先端に丸みをもつ工具による切削面の理論粗さ

$f \leq 2r \sin \xi$

ここで，f は送り，r は工具のノーズ半径である．

【例題】 ノーズ半径 0.4 mm の工具で，1 回転当たりの送り 0.4 mm/rev の旋削をするときに生じる粗さの最大高さを求めよ．

［解答］ 式 (10.6) より，$Ry = 50\ \mu\mathrm{m}$ となる．

10.4 切削工具

生産の経済性を考えると高速切削が望ましいが，切削速度の増大とともに工具温度が上昇し，工具摩耗（4.4 節参照）が急速に進行するようになる．切削加工を能率よく，しかも精度よく行うには，工作物に比べて切削工具の方が十分に硬く，刃先が摩耗や破損しにくいことが重要である．したがって切削工具用材料には，①高温において十分に硬いこと，②耐摩耗性に優れていること，③靱性が大きいこと，が求められる．図 10.9 に工具材料の開発時期と切削速度の関係を示す．20 世紀に入って多くの工具材料が開発され，切削速度が大幅に向上したことがわかる．切削工具には，機械分野の最先端材料が使われているといえる．

a. 高速度鋼 (high speed steel)

英語名から，ハイスと通称されている．W を 18%，Cr を 4%，V を 1% 程度添加し，適切な熱処理を施して高い靱性と適度な硬さをもたせた合金工具鋼の一種である．W を Mo に置き換えたものもある．それまでの工具鋼では数 m/min の切削速度であったものが，W や Mo を加えることにより数十 m/min に向上したので，高速度工具鋼と名づけられた．しかし，600℃ を超える温度になると急速に硬さが低下する．

b. 超硬合金

粉末の炭化タングステン (WC) を主成分として結合剤に Co を使用し，焼結したものが超硬合金である．1926 年にドイツで開発された．P 種，K 種，M 種の 3 種類に分けられている．現在，超硬合金は最も一般的な切削工具材料であり，

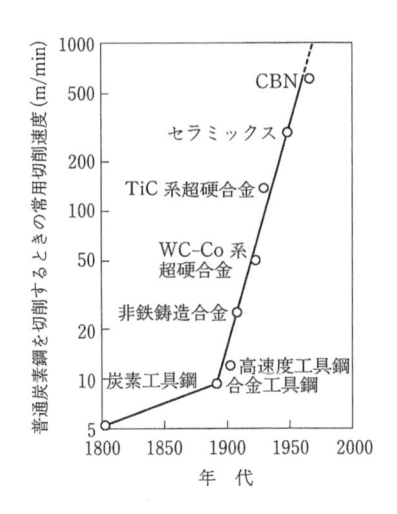

図 10.9 工具材料の開発時期と切削速度の変化

P種は鋼の加工に，K種は鋳鉄の加工に用いるのが目安とされ，M種は両者の中間的性質を備えている．高速度鋼に比べて高温硬さや耐摩耗性に優れている．

c. サーメット

超硬合金のWCの代わりに，TiCを主成分として結合剤にNiを使用したものをサーメットという．サーメットという言葉は，セラミックス(ceramics)と金属(metal)の二つの単語の合成語である．セラミックスと超硬合金の両特性を備えたものといってもよく，超硬合金よりも硬く鉄との親和性が小さいため，耐摩耗性は優れているが靭性は劣る．そのため，TiCの一部または大部分をTiNで置き換え，靭性を改善したものもある．

d. セラミックス

セラミックス工具には大きく分けて，アルミナ系と窒化ケイ素系がある．アルミナ系セラミックスには，高純度のAl_2O_3粉末にわずかの焼結助剤を加えて焼結したものと，Al_2O_3にZrO_2やTiC，TiNを加えて焼結したものがある．高純度のアルミナやZrO_2を加えたものは白色で，「白セラ」と呼ばれることがある．TiCやTiNを加えたアルミナは黒色をしており「黒セラ」と呼ばれ，白セラに比べると硬さ，靭性ともに優れている．窒化ケイ素系セラミックスはアルミナ系に比べて靭性，耐熱衝撃性に優れている．

e. CBN焼結体

CBNとは立方晶窒化ホウ素(cubic boron nitride)のことであり，約50000気

> **コラム**
>
> ### ワットの蒸気機関を可能にした切削加工技術
>
> 　18世紀の産業革命の始まりは，ジェームス・ワットが効率の低いニューコメンエンジンを改良して高効率の蒸気機関を発明したときであるとされる．それまでのエンジンが大気圧から水蒸気を冷やして収縮するときの力を使ったのに対し，ワットのエンジンは高圧の蒸気で仕事をさせて，使用後の蒸気を凝縮器で冷却したところに大きな特徴がある．
>
> 　蒸気機関のシリンダは直径が70〜180 cm，長さが180 cm程度といった大きなものであったが，18世紀初めにニューコメンエンジンがつくられたときには，直径70 cmに対し，その加工誤差は13 mmもあった．これでは高圧の蒸気が逃げてしまうため，ワットの蒸気機関もこのままでは動かなかったであろう．幸い，ワットの蒸気機関の発明と同じ頃に，ジョン・ウィルキンソンが大きな穴の内面を円形に削る中ぐり盤を改良し，両端固定で剛性を高めた棒で刃物を支えるようにして，直径180 cmのシリンダの加工で，精度の悪い部分でも硬貨の厚みもない誤差にした．多分，誤差は1 mm程度になっていたのであろう．このように，技術の発展は加工技術によって支えられていることが多い．最近のコンピュータの発展も，大容量の集積回路をつくる微細加工技術が支えているのである．

圧，1200℃以上の高温のもとで合成され，天然には存在しない物質である．CBN工具は，合成されたCBN粉末にCoやセラミックスを結合剤として，超高温高圧状態で焼結してつくられる．CBNはダイヤモンドに次ぐ硬さ（およそHV 4500），高い熱伝導率，低い熱膨張率をもっている．耐熱合金，焼入れ鋼の仕上切削や高速切削にも適用されている．

f. ダイヤモンド

　ダイヤモンド工具には天然の単結晶ダイヤモンドと，人造ダイヤを超高温高圧で焼結（Coなどで粘結）したものとがある．ダイヤモンドは物質の中で最も硬く（HV 8000以上），熱伝導率が最も高くて熱膨張率が最も低く，多くの金属との親和性が低いため工具材料に適している．しかし，600℃程度から酸化して耐摩耗性が低下し鉄との反応性が高くなるため，通常，鋼の切削には用いない．単結晶ダイヤモンド工具は刃先をきわめて鋭利にでき，誤差が0.1 μm以下の高精度化が可能であり，アルミニウム製ポリゴンミラーなどの超精密加工に使われる．

g. 工具の皮膜処理

超硬合金や高速度工具鋼の表面に，厚さ数 μm の TiC, TiN, Al_2O_3 などをコーティングし，母材の高い靭性に膜の耐摩耗性，耐溶着性を兼ね備えた特性をもたせている．コーティング技術には，高温で化学反応を起こさせる CVD (chemical vapor deposition：化学的蒸着) 法と高温を必要としない PVD (physical vapor deposition：物理的蒸着) 法がある (12.5 節参照)．高温でコーティングする CVD の方が厚い膜厚となり，付着強度も大きい．

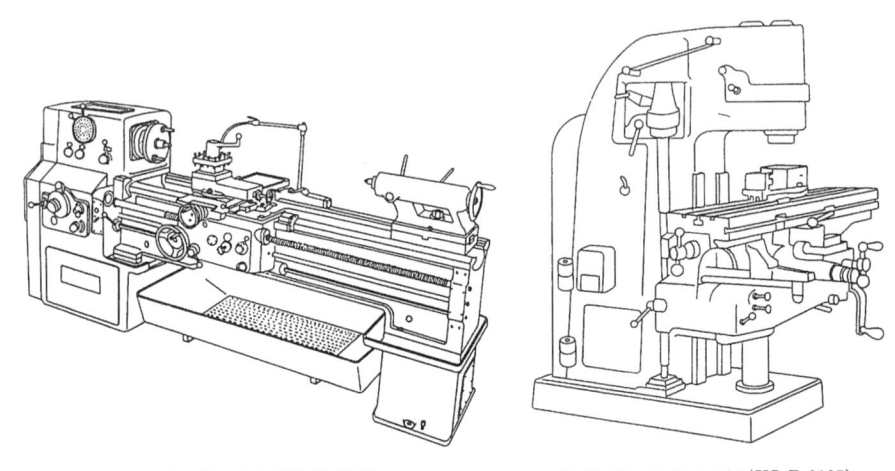

図 10.10 旋盤 (JIS B 0105)

図 10.11 フライス盤 (JIS B 0105)

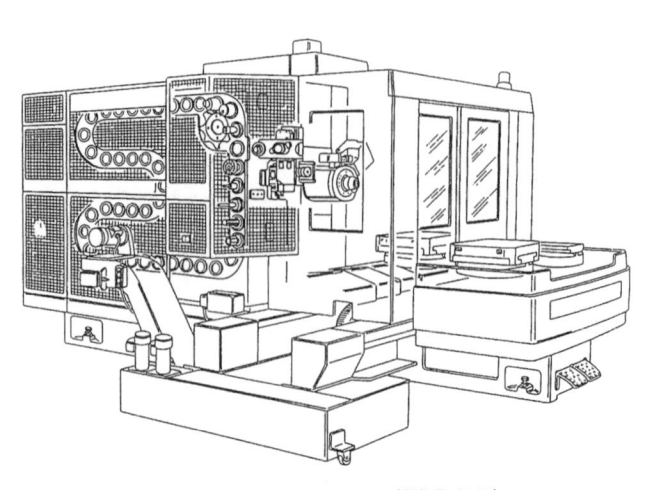

図 10.12 マシニングセンタ (JIS B 0105)

10.5 工 作 機 械

　工作機械は金属部品の加工を行う機械の総称であるが，その多くが切削により加工する機械である．最も代表的な工作機械である旋盤(図10.10)では，図10.1(a)に示したように被加工物を回転しながら，直線運動などの簡単な運動をする工具(バイト)で加工を行う．フライス盤(図10.11)では，図10.1(b)のようにベッドに固定した被加工物を回転する工具で切削する．このほか，同図(c)に示したドリル加工にはボール盤，(d)の歯切加工にはホブ盤，(e)のブローチ加工にはブローチ盤が用いられる．最近では，工具の動きの自由度を高め，工具マガジンに多数の工具を収納し自動工具交換装置(ATC)を備えたマシニングセンタ(図10.12)が多くなっている．

　工作機械は機械をつくる機械であるから，非常に高い精度が要求され，力が加わっても大きく弾性変形しないように剛性を高めている．また，機械の部位によって温度が異なると，機械が熱変形して工作精度が低くなる．高い精度を要する工作機械は工作物からの発熱が機械に伝わらないように工夫されており，温度を一定に保った部屋(恒温室)に設置して使われている．最近の工作機械のほとんどがコンピュータ制御されるNC工作機械である．工作機械用のサーボモータは工具や被加工物を $1\,\mu m$ 以下の誤差で位置決めしている．

演 習 問 題

10.1 切削抵抗の測定方法について調べよ．
10.2 構成刃先の特性について述べよ．
10.3 直径 72.1 mm の炭素鋼丸棒をすくい角 $15°$ のハイス工具で2次元切削した．回転数 145 rpm，切込み $t_1=0.05$ mm，切削幅 $b=1.7$ mm である．このとき，切削抵抗は主分力 $F_c=26.8$ kgf (263 N)，背分力 $F_t=12.8$ kgf (125 N)，切りくず厚み $t_2=0.14$ mm であった．これらの値を用いて，次の量を求めよ．比切削抵抗 k_s，切削比 r_c，せん断角 ϕ，すくい面における摩擦力 F と垂直力 N，すくい面での平均摩擦係数 μ，摩擦角 β，せん断面でのせん断力 F_s と垂直力 F_N，せん断面でのせん断応力 τ_s と垂直応力 σ_s．
10.4 式(10.6)を導出せよ．
10.5 代表的な表面粗さの表示法およびその定義について述べよ．

11. 研削および砥粒加工

11.1 研削加工

　研削加工は回転する砥石によって工作物を高速微少切削する加工法であり，高精度な仕上面が作成できる．冷間鍛造や切削で加工をした後で，精度が高い平面や円筒面にするために研削が使用される．研削では材料の除去速度が小さいので大きな形状変化はできない．また，研削面は瞬間的に高温にさらされ急冷されるため，大きな残留応力や加工変質層を生じやすい．

　研削に使用する加工機械を研削盤という．研削には図 11.1 に示すような (a) 円筒研削，(b) 内面研削，(c) 平面研削，(d) 心なし研削などがある．

　(a) 円筒研削：円筒状の工作物外面を研削する加工法であり，高速回転する砥石で，ゆっくり回転する工作物を加工する．長い工作物に対しては砥石もしくは工作物を軸方向に送る必要があり，このような方法を「トラバース研削」と呼ぶ．一方，工作物が砥石幅より狭い場合，砥石に切込みだけを与えて研削ができる．このような方法を「プランジ研削」という．

　(b) 内面研削：回転している工作物の内面を研削する加工法である．砥石径を工作物の内径より大きくできないことから，回転数を上げるとともに軸方向に低い周波数の振動を与えて加工能率を上げている．

　(c) 平面研削：平形砥石の円周面や側面，カップ形砥石の端面を用いて工作物の平面を研削する加工法である．鋼の工作物は電磁チャックで固定することにより，高精度の加工を能率よく行うことができる．

　(d) 心なし研削：工作物は調整車と受板で支えられる状態で，円筒外面の研削が行われる．調整車の回転によって工作物の回転数が，調整車の軸の傾斜によって工作物の送り（紙面に垂直方向）速度が調整され連続・高能率加工が可能となる．

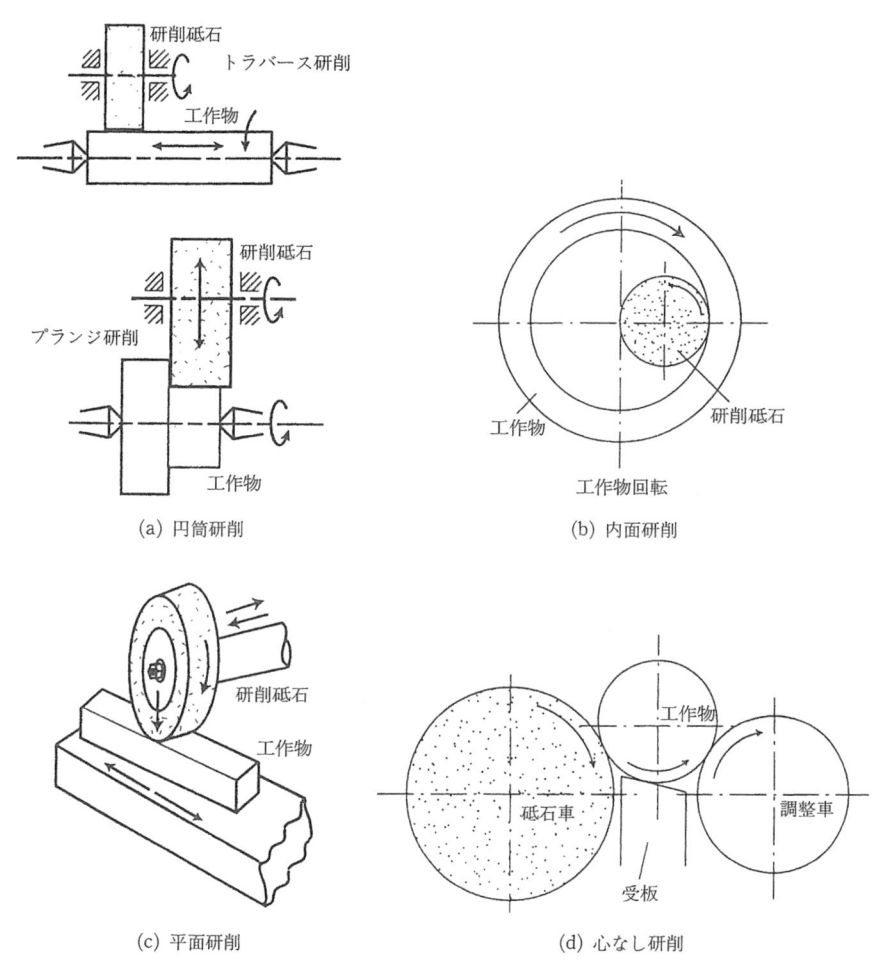

図 11.1 各種の研削方法における砥石と加工状態

(a) 円筒研削
(b) 内面研削
(c) 平面研削
(d) 心なし研削

11.2 研削の加工条件

円筒研削や平面研削では，砥石周速度は一般に 2000〜3000 m/min 程度である．砥石直径が 300 mm 程度で周長が 1000 mm 程度の砥石では，回転数が 2000〜3000 rpm 程度となることが多い．最近，10000 m/min を超える高速研削が行われることもあるが，高速回転に耐える特別な砥石を準備する必要がある．内面研削では，砥石径を大きくできないため周長が 0.1 m 以下の小さな砥石を

用いることになり，研削速度を高速に保つため10000 rpm以上の高速回転にする必要がある．砥石切込み量は粗研削で10～30 μm，仕上研削で2～5 μmである．

研削油剤には，鉱油を主体とした不水溶性と，水に希釈して用いる水溶性がある．研削油剤は，①冷却性，②潤滑性，③洗浄性，④化学的な安定性，⑤無害性，⑥防錆性などの性質をもっていることが必要である．

11.3 研削砥石

研削砥石は図11.2に示すように砥粒，気孔，結合剤の3要素によって構成されている．砥石は多数の刃物を備えた多刃工具とみなすことができ，砥粒はバイト，気孔は切りくずの逃げ場所，結合剤はバイトを固定するシャンクに相当する．しかし，砥石には切削工具にない「切れ刃の自生作用」があり，工作物を切削した砥粒が適度に破砕して新しい切れ刃が次々に生まれ，砥石の切れ味が持続していく．砥石の選択には，砥粒の種類，粒度，結合度，組織，結合剤の5因子が重要となる．

① 砥粒の種類：溶融アルミナ，炭化ケイ素，ダイヤモンド，ボラゾン（CBNの商品名：10.4節参照）

② 粒度：砥粒の大きさを表す数値で，ふるいの目の大きさに関係し，1インチ（25.4 mm）当たりの目数の近似値で表す．数値が大きくなるほど砥粒径は小さくなる．

③ 結合度：結合剤が砥粒を保持する強さの程度を，アルファベットを用いて表している．Aが最も結合度が低く，Zが最も高い．一般にL，M，Nが標準的な結合度であり，これよりも低い結合度の砥石を軟らかい砥石，高い結合度の砥石を硬い砥石と呼ぶ．

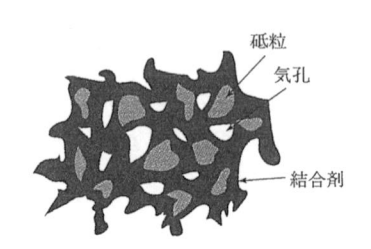

図11.2 研削砥石の3要素

④ 組織：砥石の全容積に対する砥粒の占める体積割合の一つの表現であり，0～14の数値で表し，0が最も密，14が最も粗を表す．一般に8が標準である．

⑤ 結合剤：砥粒を保持して砥石の形状を保つもので，十分な強度をもたなければならない．また，切れ刃の自生作用に大きく関係するだけでなく，切りくずの逃げ場を形成しなければならないなど砥石の切れ味に大きく影響する．代表的な結合剤に，1) ビトリファイドボンド (V)，2) レジノイドボンド (B)，3) ラバーボンド (R)，4) メタルボンド (M)，5) 電着 (P) などがある．

【例題】 WA80L9Vとはどのような砥石か．

[解答] WA：砥粒の種類が"溶融アルミナ"，80：粒度が"#80"，L：結合度が標準，9：組織が標準に近いもの，V：結合剤が"ビトリファイドボンド"．

11.4 研削機構

a. 切りくず生成

研削加工を各砥粒についてみると，図11.3のように大きな負のすくい角（10.1節参照）をもった工具による切削といえる．負のすくい角による切れ味の悪さに対し，高速加工にすることにより切りくずを薄くして補っている．

図11.4に，平面研削状態にある砥石中の1個の砥粒が切削する様子を示す．砥粒は斜線の部分を切削して切りくずを生成する．このとき，切りくずの長さ l およびその最大厚み g_{max} は次式で与えられる．

$$l = (Dt)^{1/2} \tag{11.1}$$

$$g_{max} = 2a\frac{v}{V}\left(\frac{t}{D}\right)^{1/2} \tag{11.2}$$

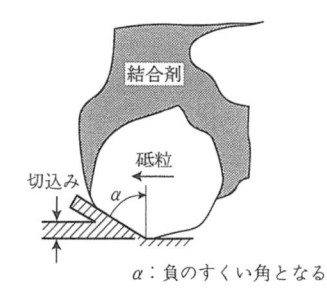

図11.3 研削における切りくず生成機構

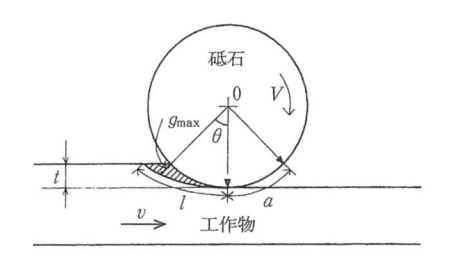

図11.4 平面研削における切りくず厚さと接触長さ

ただし，t は切込み深さ，D は砥石径，v は送り（テーブル）速度，V は砥石の周速度（研削速度），a は切れ刃間の距離（連続切れ刃間隔）である．切りくず最大厚さ g_{max} が大きな切りくずをつくるとき，研削抵抗は大きくなることから，式(11.2)は加工条件の過酷さを表しているとの見方もできる．v や t を大きくすると g_{max} が大きくなり，加工条件は過酷になる．逆に V を大きくすれば g_{max} は小さくなり，砥石にかかる負荷が緩和され，高速研削を目指す理由がここにある．しかし，研削速度が高くなると，砥石に加わる遠心力の増大により砥石の破壊を生じる可能性が大きくなるため，研削速度は制限される．

【例題】 直径 300 mm の砥石を 2000 rpm で回転させ，テーブル速度 $v=10$ m/min，切込み $t=10$ μm の条件下で研削加工したとき，生成する切りくずの長さ l およびその最大厚み g_{max} を求めよ．ただし，切れ刃間の距離を $a=2$ mm とせよ．

［解答］ $l=(Dt)^{1/2}=(300\times0.01)^{1/2}=1.73$ mm，$v/V=10\times1000/(300\pi\times2000)=0.0053$，$g_{max}=2\times2\times0.0053\times(0.01/300)^{1/2}=0.00012$ mm $=0.12$ μm．

b. 研削状態

最初鋭利な切れ刃をもった砥粒も研削の進行とともに摩耗して平坦になり，切れ味を失ってくる．すると，その砥粒に作用する研削抵抗が大きくなり，図11.5に示すようについには砥粒が破砕して鋭い切れ刃を再生するか，結合剤の破壊で脱落して別の砥粒切れ刃で切削するようになり，砥石の切れ味が回復する．これを「自生作用」という．

適切な砥石を適切な条件で使用した場合，適度の自生作用が生じ，砥石の切れ味は長時間持続される．しかし，条件により切りくずが気孔に堆積する「目づまり」がしだいに進行し，それとともに自生作用が失われ砥石の切れ味は低下す

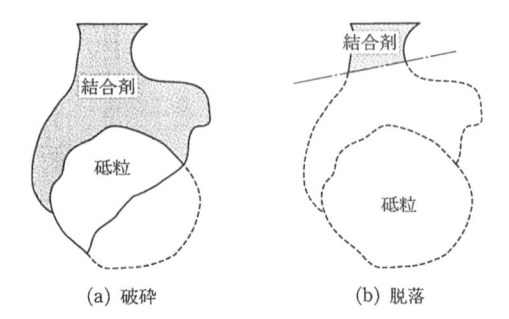

(a) 破砕　　(b) 脱落　　図11.5　砥石の自生作用

> **コラム**
>
> **ダイヤモンドの加工方法**
>
> ダイヤモンドは宝石として価値があるだけでなく，地球上のどの物質よりも硬く，どの物質よりも熱伝導率が高く，どの物質よりも熱膨張係数が小さいという優れた特性をもっており，工業的にもたいへん重要な物質である．原石のまま工具として使用する場合もあるが，一般には成形加工が必要である．しかし，ビッカース硬さでHV 8000以上といわれる硬度をもち，これより硬い物質がないため加工は難しい．ダイヤモンドは完全なへき開面をもっており，このへき開面を利用して分割される（クリービング）．クリービングは加工くずなしで分割できるが，方向を間違えると粉々になってしまう．また，切断加工（ソーイング）も行われる．ソーイングでは，厚みの薄い青銅製のブレードにダイヤモンド微粉（人造ダイヤ）とオリーブ油を混ぜたペーストを塗って切断する．切断可能な結晶方位を見出すことが重要である．小さいダイヤでも数時間かけて切断する．ダイヤモンドの研磨にもこの種のペーストが使われる．研磨にも結晶方位が重要であり，方向を間違えると非常に硬く，場合によっては研磨が不可能になる．ダイヤモンドに穴をあける加工も重要である．金属の引抜きで使うダイヤモンドダイスでは，細いもので直径 $5\,\mu m$ 程度の穴をあける必要があるが，YAGレーザ（12.2参照）が使われている．

る．こうした砥石は，ダイヤモンドドレッサでドレス（目直し）することにより，切れ味を回復できる．結合度の高い砥石では自生作用は生じず，短時間の作業で砥粒が摩耗してしまい，研削できなくなる「目つぶれ」を生じやすい．逆に，結合度の低い砥石では砥粒の保持力が弱く，砥粒は次々に脱落してしまう「目こぼれ」が問題になる．目こぼれがさらに激しくなると，砥石は形くずれを起こしてしまう．目つぶれ，目こぼれ，いずれの状態も避けなければならない．

c. 研削面のできばえ

砥粒によって切りくずがつくられている切削点では1000℃を超える高温になり，その後急冷されるため，美しく仕上がった表面でも損傷を受け，母材とは異なる結晶構造をもつ加工変質層を生じる．最も表面に近い層には「ベイルビー層」という非晶質の層を生じることがある．また研削条件によって異なるが，表面から $100\,\mu m$ 程度の深さには一般に引張りの残留応力が生じ，研削が過酷になるほどその程度はひどくなる．

正常な研削が行われない場合，研削面には次にあげるような特有の欠陥が生じることがある．

① 研削割れ：研削方向に直角に割れが入り，ひどくなると蜘蛛の巣状のひび割れになる．研削温度の上昇に伴う熱膨張，変態による体積膨張で局部的に大きな応力が生じるために起こる．

② 研削焼け：研削熱によって加工表面にできた酸化膜が原因である．膜厚が厚くなると光の干渉により色がついてみえるようになり，厚くなるに従って黄色から茶色，紫色，さらに灰色へと変化する．

③ びびりマーク：振動が原因で生じる加工表面の細かい波形が「びびりマーク」である．

これらの欠陥はいずれも避けなければならず，砥石切込み深さを小さくするなど加工条件を緩和するか，砥石をドレスして切れ味を回復すれば防ぐことができる．

11.5 研削抵抗

図11.6に平面研削における研削抵抗を示す．接線研削抵抗をF_t，法線研削抵抗をF_nとすると，F_nはF_tよりも大きく，炭素鋼などの金属を加工した場合には$F_n/F_t \cong 3$，高硬度材料のセラミックスを加工した場合には$F_n/F_t = 7 \sim 15$にもなる．

幅bの部分を切込みt，テーブル送り速度vで研削する場合，単位時間に砥石がなす仕事を考えると，

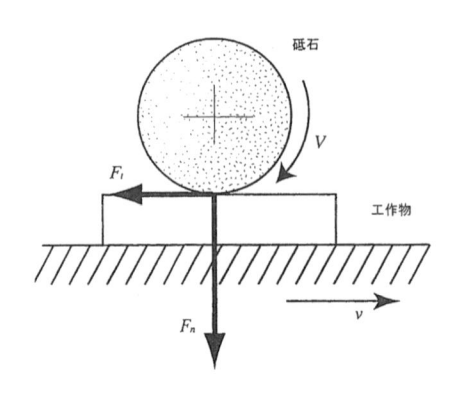

図11.6 研削抵抗（砥石が工作物に与える力）

$$F_t V = tbvk_s \tag{11.3}$$

となる.ただし,k_s は比研削エネルギーで,単位体積の切りくずの生成に必要なエネルギーである.したがって,研削抵抗 F_t は次式で与えられる.

$$F_t = \frac{v}{V} tbk_s \tag{11.4}$$

k_s は工作物の材質や研削条件によって異なる値となることから,前もって研削実験によって求めておくことにより,式 (11.4) から研削抵抗を推定することができる.

なお k_s の単位から,比研削エネルギー k_s は切りくず断面の単位面積当たりに作用する研削抵抗(比研削抵抗)と同じものであることがわかる.

【例題】 直径 300 mm の砥石を 2000 rpm で回転させ,テーブル送り速度 $v=10$ m/min,切込み $t=10$ μm の条件下で幅 $b=10$ mm の炭素鋼を研削加工したとき,研削抵抗が $F_t = 1.9$ kgf であった.このときの比研削エネルギー k_s を求めよ.

[解答] $k_s = F_t V/(vbt) = 1.9 \times (300\pi \times 2000)/(10 \times 1000 \times 10 \times 0.01)$
$= 190 \times (3\pi \times 2) = 3581$ kgf·mm/mm³.

11.6 砥 粒 加 工

砥粒加工は,砥粒を用いた加工法のうち研削以外の各種の加工法を指し,研削加工よりさらに仕上げの優れた精密度の高い加工法である.研削が一定切込み量を与える加工であるのに対し,砥粒加工は一定の圧力を加える場合が多い.研削が研削盤のもつ精度を工作物に写す加工法であるのに対し,砥粒加工では加工機械の精度に関係なく精度を上げていくことができるのが特徴である.

a. ホーニング

ホーニングは,エンジンのシリンダなど円筒内面を中ぐり旋削や内面研削した後,仕上げる加工法である.図 11.7 に示すように,数本の棒状砥石に一定圧力を加えて加工面に押し付け,回転と往復運動を同時に与えて加工していくと,シリンダの真円度や真直度が改善される.ホーニング速度は 20~50 m/min であり研削と比べるとはるかに遅いが,加工温度が上昇せず,加工変質層の薄い加工面を得ることができる.加工面には独特のクロスハッチパターンが生じ,潤滑油の

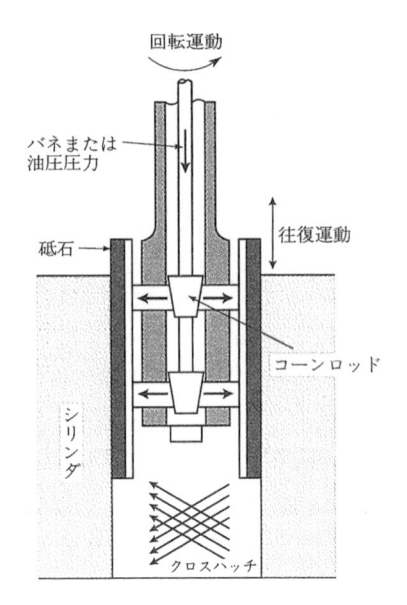

図 11.7 ホーニング

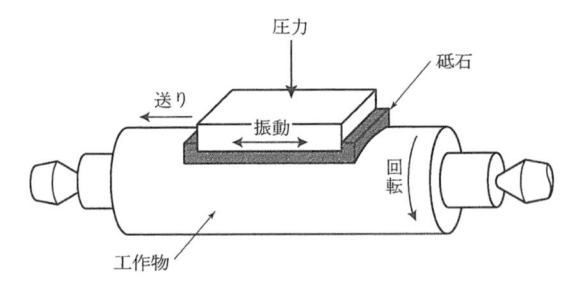

図 11.8 超仕上げ

保持力に優れている．

b. 超仕上げ

超仕上げは転がり軸受けの転がり面（レース面）やローラなど，円筒の内面，外面を仕上げる加工法であり，ホーニングよりさらに精密度の高い加工法である．図 11.8 に示すように，工作物を回転させ，その工作物に一定圧力で押し付けたブロック状の砥石に 1000 cpm（サイクル/分）程度の振動を与える．原理的にはホーニングと同じ加工法であるが，ホーニングより微粒砥石を用いるため，往復運動の代わりに振動を与えることで砥石の自生作用を促進している．加工変質層の少ない，圧縮の残留応力をもった鏡面を得ることができる．

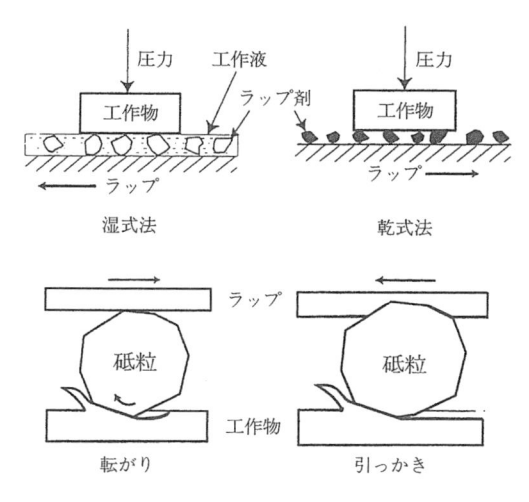

図 11.9 ラッピングの機構

c. ラッピング

ラッピングは砥粒を固めていない遊離砥粒を用いて行う仕上加工であり，超仕上げよりさらに精密度の高い加工ができ，シリコンウェハなどの仕上加工に使われる．図 11.9 に示すように，ラッピングは鋳鉄製のラップに遊離砥粒を含むラップ剤を介して工作物を一定圧力で押し付け，相対運動を与えることにより加工を行う．工作物表面は極微量ずつ削り取られて，滑らかな仕上面が得られる．

工作液を用いる湿式と用いない乾式があるが，一般には湿式加工が採用されている．湿式では砥粒の転がりによって切りくずが生成され，仕上面は光沢のない梨地状になる．乾式では砥粒がラップに埋め込まれ，砥粒の磨き作用によって光沢のある仕上面が得られる．遊離砥粒を用いるためきわめて加工能率は悪いが，湿式加工では加工変質層の少ない仕上面を得ることができる．

演習問題

11.1 式 (11.1)，(11.2) を，図 11.4 を参考にして導出せよ．

11.2 同じ炭素鋼を加工した場合でも，旋削加工では比切削抵抗 k_s が数百 kgf·mm/mm³ 程度（演習問題 10.3 参照）であるのに対し，研削加工では k_s が数千 kgf·mm/mm³（11.5 節例題参照）と非常に大きくなる寸法効果があるが，その理由について考察せよ．

11.3 研削温度は加工表面などに大きな影響を及ぼす．研削温度の測定方法について

調べよ．

11.4 研削加工によって材料表面層に引張りの残留応力が生じることが多いが，その主たる原因として，温度上昇が考えられている．残留応力発生機構について検討せよ．

12. 微細加工

　1 mm 以下の微細な部分形状を作成するためには，切削や研削などの機械的な方法のほかに，電気・化学的な方法で除去したり付加したりする方法が使用できる．被加工物に力を加えて材料を除去する機械的な方法では弾性変形が製作誤差の原因となるため，微細加工には力を加えない電気・化学的な方法が多く使用されている．

　放電加工，レーザ加工，電子ビーム加工などでは，材料を局部的に加熱し，溶融・除去する．放電加工は液中放電で微小領域を除去する方法であり，高硬度の金型加工に用いられる．レーザ加工，電子ビーム加工は指定した位置にビームを照射するもので，精密穴あけ，切断に用いられる．切削加工では工具材料より硬い材料の加工は不可能であるが，これらの加工法では材料の表面を溶融するため，硬い材料にも容易に適用できる．しかし，加工面が高温にさらされた後で急冷されるため，加工変質層や残留応力を生じやすい．

　電解加工，化学研磨，エッチングなどでは電気的および化学的な原理で材料を溶かして除去する．材料には力も熱もほとんど加わらないので，変質層を生じにくい．エッチングは金属表面を腐食除去し，LSI の製造などに用いられる．

　PVD（物理蒸着），CVD（化学蒸着）は気化させた材料を母材に付着させたり，化学反応で薄い被覆を母材の表面に生成させたりする付加加工である．エッチングと組み合わせて複雑な微細形状を作成できるため，集積回路の作成にも用いられる．また非常に硬い材料を付着できるので，切削工具などの耐摩耗皮膜の生成に用いられる．

12.1 放電加工

a. 放電加工の原理と特徴

　放電加工は，図 12.1 のように工具電極と素材とを絶縁性の加工液の中できわ

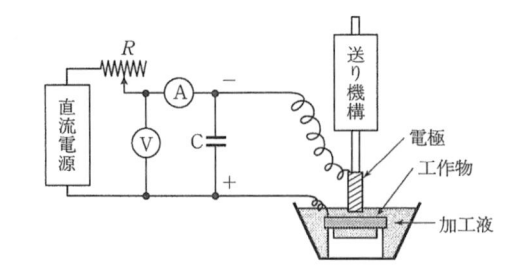

図 12.1 放電加工(加工液は絶縁液)

めて小さい間隙で対向させて放電を生じさせ,電極の形状を転写する除去加工である.加工電源として継続時間が $10^{-7} \sim 10^{-3}$ s のパルス電流を用い,短時間に消滅するアーク放電(過渡アーク放電)を生じさせる.アークにより素材が瞬時に溶融・蒸発し,急速加熱により発生した加工液中の衝撃圧により加工くずが除去される.その結果,直径 0.2 mm 程度の微小なクレータ状の放電痕ができる.電極を少しずつ押し込んで放電過程を繰り返すと,素材は電極の形にならって削られていく.電極も少しずつ消耗するが,加工条件の選択により電極の消耗を抑えている.電極には電気抵抗の小さい黒鉛や銅などを用い,切りくず排出と冷却の役割をもつ加工液には灯油または水を用いる.

放電加工は導電性の材料であれば適用でき,金属のほか導電性をもたせたセラミックスなどにも適用されている.電極の形を転写するため複雑な形状の製品の加工が可能であり,また素材を溶融・除去して加工するので,切削加工が困難な焼入れ鋼や超硬合金などの高硬度材料でも加工できる.こうした特性により,放電加工は塑性加工などの金型の製作に用いられることが多い.

電極は加工の進行とともに消耗するため,粗加工の後で新しい電極を用いた仕上加工を行い,放電加工の加工精度を上げている.素材表面の近傍は急加熱後に急冷され,微小クラックを含む薄い加工変質層を生じる.加工変質層は金属疲労を促進するため,ラッピング(11.6節参照)などで取り除く必要がある.

b. ワイヤ放電加工

直線状に張った直径 0.1 mm 程度の細いワイヤ(金属線)を工具電極として用い,糸のこで材料を切削するように製品を横切らせると,電極の通った部分が分離され,2次元形状に切抜加工ができる.テーブルの動きを数値制御することで,任意の形状に切り抜くことができる.また,ワイヤを工作物面の垂直線から傾けることで,テーパ部品や,はすば歯車の金型も加工可能である.図12.2に,

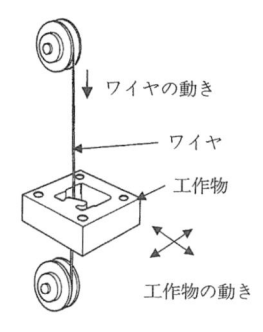

図 12.2 ワイヤ放電加工

この原理を用いたワイヤ放電加工の装置の概略を示す．電極が消耗して切断されるのを防ぐため，常に新しいワイヤが加工部に供給されている．ワイヤ放電加工は製品ごとの電極作成が不必要であることが特徴である．

12.2 レーザ加工

a. レーザの種類

レーザ (laser) は，light amplification by stimulated emission of radiation の略語で，誘導放射による光の増幅を意味しており，位相のそろったエネルギー密度の強い光である．レーザにより工作物表面の微小な領域を瞬時に加熱，溶融，蒸発，除去して，各種の微細加工を行うことができる．

表 12.1 に微細加工に用いるレーザの種類を示す．大きく分けて気体レーザと固体レーザがある．レーザの種類により光の波長が異なり，一般に波長が短くなるほどレーザ光の吸収率は高まる．レーザの出力方式には，連続的な照射と，短時間のパルス状の照射を繰り返す場合とがある．加工に大きな熱エネルギーを必要とする場合には CO_2 レーザや YAG (イットリウム，アルミニウム，ガーネットの頭文字) レーザなどが用いられる．エキシマレーザは波長が短く，周辺に熱影響を与えずに原子結合を切断するため，半導体の表面から原子層を除去するなど，きわめて微小な加工に用いられる．

図 12.3 に固体レーザであるルビーレーザ発生原理を示す．キセノンランプなどによる光エネルギーを少量の Cr (クロム) の入ったルビーに照射すると，Cr が光エネルギーを吸収して高いエネルギー準位になる (励起される)．励起状態から元の基底状態に戻るとき，原子固有の波長をもった光を放出する．この光を

表12.1 微細加工に用いられるレーザの種類

気体/固体	レーザ名	波 長 (μm)	発振型式	用 途
気体	CO_2	10.6	連続	熱処理, 溶接, 切断
			パルス	溶接, 除去
固体	Nd：YAG (Ndはネオジウム)	1.06	連続	溶接, トリミング
			パルス	溶接, 穴あけ
固体	ルビー	0.69	パルス	溶接, 穴あけ
気体	エキシマ ArF	0.19	パルス	フォトエッチング

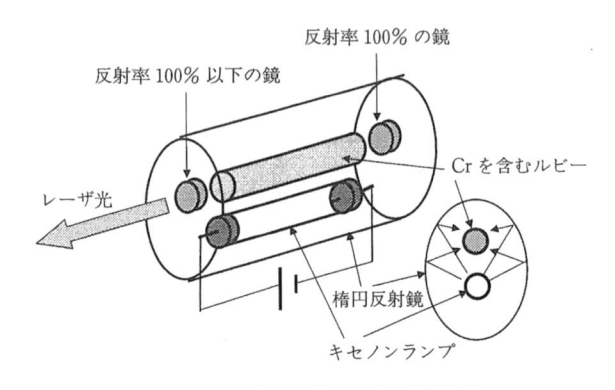

図 12.3 固体(ルビー)レーザの発生原理

ルビーの両端面の反射鏡で繰り返し反射することで, 指向性の強いレーザ光を得る. 反射鏡の一方は反射率が 100% 以下で, この部分からレーザ光の一部が外に取り出される.

b. 穴あけ, 切断加工

同じ場所にレーザ光を繰り返し照射すると, その部分を溶融・蒸発させて穴をあけることができる. 細い線の製造に用いられる引抜加工(5.5節参照)にはダイヤモンドのダイスが用いられるが, ダイスの下穴(あとで仕上加工をするための最初の穴)加工に YAG レーザが用いられる. 図 12.4 に YAG レーザ加工装置の例を示す. 精密な位置決めは顕微鏡を使用し, テレビモニタで監視しながら行う.

切断加工も穴あけ加工と同じように, 工作物を精度よく移動させながらレーザを集光して加工を行う. このとき工作物と化学反応する酸素などのガスを吹き付

> **コラム**
>
> ### LSIの高密度化の限界
>
> コンピュータによる情報革命の原動力は，1辺が数 mm のシリコン基板の上に高密度にコンデンサやダイオードが集積された大規模集積回路 (LSI) である．LSI の製造では，まず溶けたシリコンに種結晶を接触させ，これを引き上げて直径 20 cm (8インチ)，長さ 2 m もあるシリコン単結晶のインゴットをつくる．砥粒を用いた特殊な切断方法によりインゴットを切断し，厚さ 0.7 mm 程度のウェハを多数つくる．ウェハをラッピング研磨，化学研磨で鏡面にした後この表面に微細な回路を多数作成し，シリコン基板を小さなチップに切り分け LSI に仕上げていく．
>
> 微細な回路の高密度化は，どの程度の細い線をつくることができるかによって決まる．回路の作成にはフォトエッチング (LSI 作成ではリソグラフィーと呼ばれる) を用いる．例えば，基板の表面層を酸化させてつくったシリコンの酸化物の薄い絶縁膜を，エッチングで選択的に除去するといった作業を行う．表面を感光性の耐腐食性皮膜 (レジスト) でマスキングし，写真の現像のような方法で露光してその部分のレジストを残し (または除き)，レジストが除かれた部分をエッチングして細い線を描くことができる．
>
> フォトエッチングの解像度により線の太さが決まってくるが，解像度は光の波長によるので，できるだけ波長の短い光を用いる必要がある．可視光 (波長＝436 nm) では作成できる線の太さは 1 μm 程度であったが，現在，紫外線 (365 nm) を用いて 0.2 μm 程度まで細くなっている．これから ArF (フッ化アルゴン) エキシマレーザ (193 nm) を用いると 0.1 μm 程度までにできると考えられている．0.1 μm 以下の線については X 線などの利用が考えられているが，技術的な難題が多く見通しが立っていない．

けて加工を促進させるが，このガスをアシストガスと呼ぶ．金属板を複雑な形状に切断する場合にも，レーザ切断が用いられることが多い．半導体素子の製造では，シリコン単結晶の薄い大きな板 (ウェハ) から素子 (チップ) を切り出す作業 (スクライビング) にレーザが用いられる．

c. レーザ加工の各種の応用

可動反射鏡 (ガルバノミラー) をコンピュータで制御して，レーザに任意の走査経路を与えることにより，機械部品の表面に文字や数字を書き込むマーキングなどが行われている．また，レーザで微小な領域を除去できることを利用して，

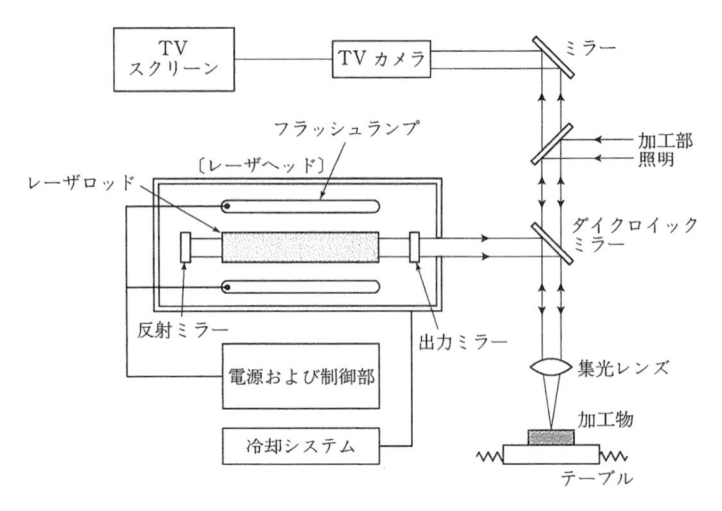

図 12.4　YAG レーザ加工装置

電気抵抗の微調整(トリミング),ジャイロやモータなどのダイナミックバランスの調整などにも用いられる.

　鉄鋼材料にレーザを短時間のパルスで照射すると,表層部は急加熱され,その後熱伝導で急速に冷却されて焼入れ組織になる.レーザ焼入れは冷却液なしで微小な領域を熱処理でき,またきわめて薄い層であるので,製品の形状精度に影響を与えない.

12.3　高エネルギービーム加工

a.　電子ビーム加工

　図 12.5 に示すように,テレビのブラウン管と同じ原理により真空中で電子ビームを発生させ,ビーム直径を絞って加工物にあてることで微細穴の穿孔や複雑形状の精密切断などが可能になる.また,電子ビームを走査させながらチタン薄膜に照射し,薄膜を通り抜けて放散する電子シャワーを利用して,食品の殺菌や塗料の重合硬化および乾燥が行われているが,これを電子ビームキュアリングと呼んでいる.

　電子銃の陰極より放出された電子は電子レンズ(電磁レンズ)によって集束されるが,ビーム電流を小さくして最大の絞りを行うと $0.05\,\mu\mathrm{m}$ 程度の微小なス

ポット径が得られる．電子ビーム加工機による穴あけでは，厚さ1.0 mmのチタン板に直径15 μmの穴が精度よくあけられている．

b. イオンビーム加工

電子を失うか過剰にもつことにより，＋または－に帯電した原子を「イオン」という．電子より質量の大きいイオンに電圧を加え，加速して加工物に衝突させると，電子ビームより高速に加工が行える．イオンが原子に衝突すると，運動量交換により原子がはじき出されて工作物から除去されるが，これを「スパッタリング」と呼ぶ．

図12.6に，イオンビーム加工装置の概略を示す．加熱されたフィラメントから熱電子放射で電子ビーム（－）を発生させ，電圧をかけて加速しAr（アルゴン）などのガスに衝突させると，ガスが電離して高温のプラズマとなる．このプラズマに高電圧（－）をかけると＋電荷のイオンが加速され，イオンビームとなる．

イオンビームで金属や非金属の表面を除去すると結晶配列が乱されないため，加工変質層や残留応力を生じにくい．イオンビームは微細加工・研磨に利用されるほか，金属表面のエッチングなどで活用されている．適量のイオンビームを結晶体表面に照射することで，イオンの注入が行える．半導体に不純物のイオンを注入する方法が，トランジスタ，発光ダイオードなどで利用されている．

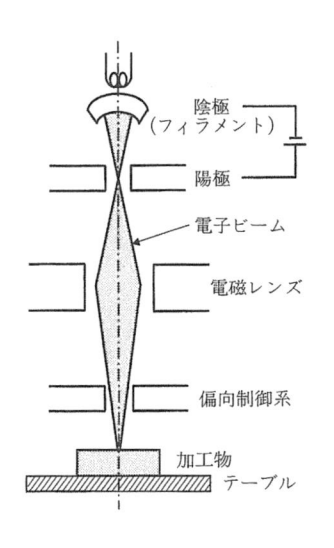

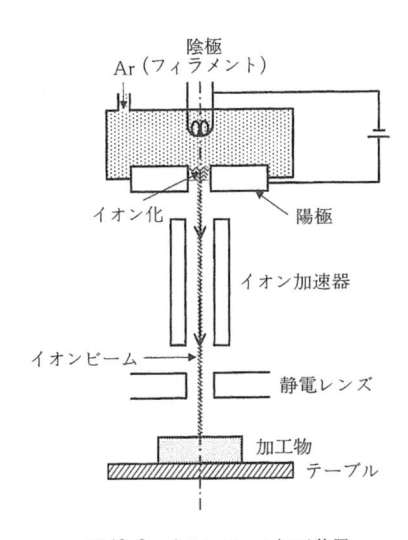

図12.5 電子ビーム加工 **図12.6** イオンビーム加工装置

12.4 電気化学加工

a. 電解加工

電解質を溶解している水溶液中に電極を浸し,直流電流を流す電気めっきの陽極の溶出現象を利用したのが「電解研磨」である.この方法では工作物表面に陽極生成物が生じ,その表面を覆うため大きな仕上量は期待できない.加工性を向上させるために,図12.7に示すように電解液を噴流させたりして陽極生成物を強制的に除去することが行われ,これを「電解加工」という.

電解加工は研削より金属を除去する能率は高いが,加工精度は研削の方が優れている.そこで,この両者を組み合わせて,高能率,高精度の加工を行うのが「電解研削」である.高速度重研削において発熱による割れが生じる場合には,電解研削が利用されている.

b. 化学研磨とフォトエッチング

金属や非金属を化学溶液で溶解させる方法が「エッチング」である.金属表面

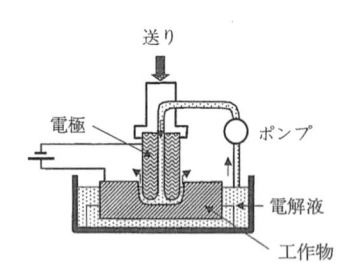

図 12.7 電解加工(加工液は電解液)

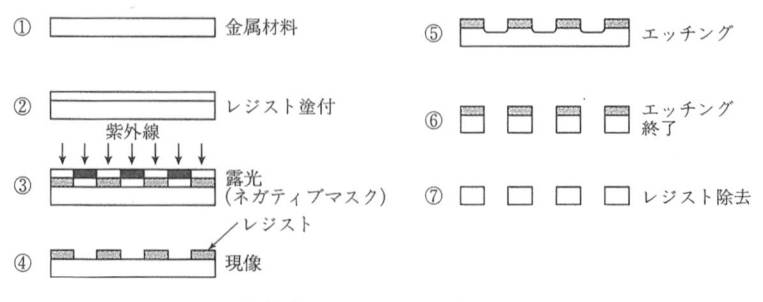

図 12.8 フォトエッチングの工程
(片面エッチング)

の微小な凸部だけを選択的にエッチングすると滑らかな平面となるが，これが化学研磨である．砥粒を用いた機械研磨では，表面の近傍に加工変質層が生じることは避けられないが，化学研磨では変質層は生じない．集積回路の作成に用いられるシリコン単結晶の薄板（シリコンウェハ）は，砥粒による機械研磨の後で化学研磨により変質層を取り除いている．

　エッチングを利用した微細加工方法の一つに，フォトエッチングがある．図12.8に，フォトエッチングの工程を示す．フォトレジストと呼ばれる感光剤を塗った金属表面に，写真のネガのようなフォトマスクをあてて露光し現像すると，感光した部分（または感光しなかった部分）のレジストが除去される．これをエッチングすると，レジストの除去された部分だけが選択的に腐食，除去される．この方法は写真法であるので，非常に微細な加工が可能であり，半導体集積回路の加工法として最近の発展がめざましい．

12.5　被　覆　加　工

　金属材料の耐食性向上などのために，電気メッキやホウロウなどの表面被覆加工が行われてきた．電気メッキは金属イオンを含む溶液に通電性素材を浸漬し，それを陰極として電気を流し素材表面に金属を析出させて皮膜をつくる方法である．ホウロウはガラス質のセラミックス粉末を金属表面に塗布し，高温にして焼き付け，作成している．

　最近，耐熱性，耐食性，耐摩耗性のある皮膜の被覆加工技術が開発されている．プラズマ溶射は図12.9のようにアーク放電で超高温のプラズマをつくり，高融点金属やセラミックスの粉末を加熱して吹き付ける方法であり，ジェットエ

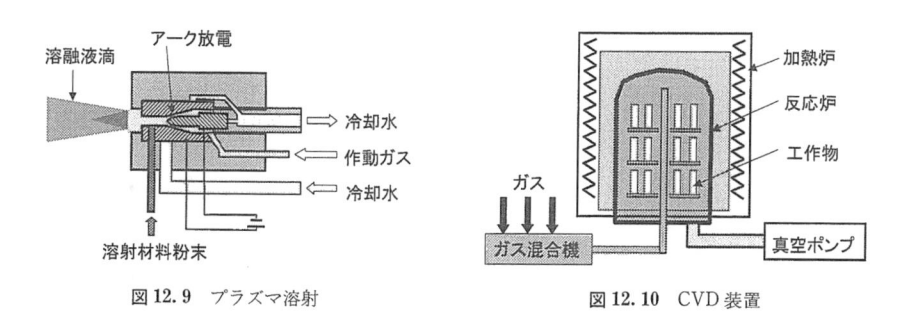

図 12.9　プラズマ溶射　　　　　　　　図 12.10　CVD 装置

ンジンの燃焼室，ロケットの先端コーン，高温バルブなど耐熱性が要求される部分に使用されている．

集積回路の作成や切削工具の耐摩耗性を向上させるため，PVD や CVD が利用されている．集積回路の場合，PVD や CVD で表面に皮膜を作成し，これをフォトエッチングで選択的に取り除いて回路などを作成する．切削工具では TiC，TiN などの炭化物や窒化物の被覆が行われている（10.4 節参照）．これらの物質は非常に硬く，摩耗に対して抵抗があるため，数 μm の薄い膜が靭性のある母材（超硬合金など）に被覆される．

図 12.10 に CVD 装置の概略を示す．CVD は付着させたい材料の構成元素を含む化合物の原料ガス（$TiCl_4$ と N_2）を混合して反応部に供給し，高温（1000℃程度）にした母材表面において化学反応を起こさせ，薄膜（TiN）を生成，付着させる．

一方，PVD では電子ビームなどで加熱して得る構成材料（Ti）の蒸気と希薄なガス（N_2）とで生じた分子（TiN）を母材に付着させる．母材は比較的低い温度（500℃程度）に保たれており，表面では化学反応は生じない．PVD 皮膜の付着力は CVD 皮膜に劣るが，PVD 法は母材を比較的低温に保つため，母材の熱変形や材質変化が少ない．

演習問題

12.1 放電加工機で必要となる制御システムについて述べよ．
12.2 レーザにおける穴あけでは，金属材料によって加工の難易度は異なるか．
12.3 電子ビーム加工で高真空室を必要とする理由は何か．
12.4 電解加工として図 12.7 以外の方法を調べよ．
12.5 プラズマ溶射法の原理を述べよ．

13. 生産システム

　本章では「ものづくり」のシステム全体について取り扱うが，「ものづくり」を意味する言葉が多数あるため，用語を統一しておく．鋳造や切削などのように形状や材質を変える各作業を加工(processing)，加工や組立てなどで製品を完成させる一連の作業を製作(fabrication)，ものをつくる直接的な作業にその計画，準備や製品の検査などを含めた活動を製造(production)，新製品の研究開発，設計，製造を含む広い活動を生産(manufacturing)とする．「生産」は製作，製造とあまり区別されずに広い意味で使われることが多い．英語では manufacturing が広い意味で用いられている．「生産性」は生産の効率であるが，労働力などの投入量に対する生産量の大小を示す概念である．

　図 13.1 に典型的な生産過程を示す．新しい製品は市場調査や研究開発をもとに製品を企画し，生産計画を立て，基本設計，詳細設計を行う．製造設備や資材調達などの準備の後で，工場における各加工工程，組立工程，検査を経て製造さ

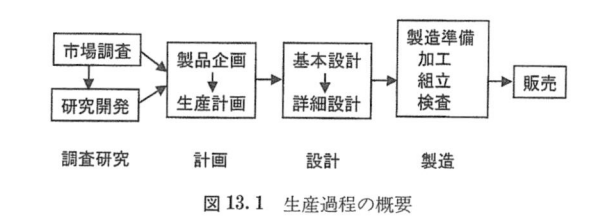

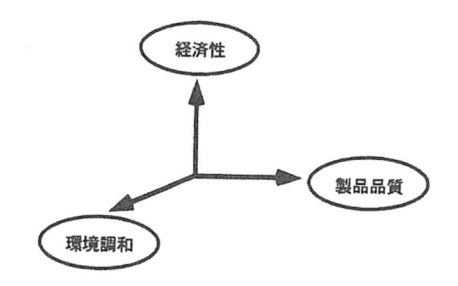

図 13.1　生産過程の概要

図 13.2　生産技術の概念的な座標軸

れる．「優れた品質」と「高い生産性」を両立させるためには，生産の各工程での最適化も重要であるが，全体として目的を達成するような仕組みづくり，「システム化」が不可欠である．

図13.2は生産技術の概念的な座標軸(基軸)である．「品質」が優れ，性能に対する「コスト」が低いこと，「環境」を破壊しない技術であることが生産では重要である．表13.1は各座標に求められる主要事項である．これらの事項をすべて満足する生産システムが構築できれば理想的である．しかし，品質を高めるとコストの上昇を引き起こすのが普通であり，各座標は互いに相反する性質を有している．こうしたことから，何らかの基準を設けて最適な条件で管理して生産を行う必要がある．

加工速度を上げるほど生産コストは下がるように思えるが，切削では加工速度の上昇により工具摩耗が急増して工具費用が増加する．生産コストを最小にする切削速度についてのテイラーの仕事がもとになって，生産管理の各種の手法が発展した．品質管理(quality control：QC)では，数理統計学の考え方を用いて品質の「ばらつき」を評価している．品質向上を実現するため，生産現場において作業者も参加するQC活動が展開されている．

生産システムの管理にコンピュータがいち早く取り入れられ，製造部門では工作機械やロボットの制御からコンピュータの利用が始まった．最近では，企業の生産活動全体をコンピュータにより統括する統合生産システムへ発展している．

表13.1 生産基軸の主要事項

製品品質が優れている
・寸法精度が高い
・最低保証強度が高く，かつばらつきが小さい
・長寿命で信頼性が高い
・その他の要求性能を十分に満たす
コストが廉価である
・材料およびエネルギーのむだな損失が少ない
・機械および工具類の寿命が長い
・製品の不良率が低い
・リードタイム(準備期間)が短い
環境に優しい
・材料およびエネルギーを節約
・有害物質を排出しない
・作業環境が安全である
・リユース，リサイクルにより廃棄物を削減する

13.1 工具寿命と生産の最適化

10.2節で説明したように，切削工具は使用時間の経過とともに損傷し，切削性能が低下するため，損傷の程度が限界に達したときに工具を交換する必要がある．切削速度の増加とともに工具摩耗が急激に進行するようになり，工具交換までの切削時間（工具寿命）は短くなる．テイラーは，工具寿命 t と切削速度 V を両対数グラフに記入した V-t 線図において，図13.3のように右下がりの直線が得られることを見出した．この直線関係を数式で表すと，

$$Vt^n = C \quad (n, C \text{ は定数}) \tag{13.1}$$

となるが，この式を「テイラーの寿命方程式」という．

工具が寿命に達するまでに切削できる距離は寿命（時間）t と速度 V とを掛け合わせた値であるので，式(13.1)より

$$Vt = (CV^{n-1})^{1/n} = c' V^{(n-1)/n} \quad (c' = c^{1/n}) \tag{13.2}$$

が，1個の工具で切削できる距離である．n が1であれば Vt は速度 V によらず一定値になるが，実際の工具では n は1以下であるので，切削できる距離は切削速度とともに減少する．例えば，$n=0.5$ では Vt は速度の -1 乗に比例（反比例）する．n は工具材料によって異なり，高速度鋼で0.1~0.15，超硬工具で0.15~0.25，セラミックス工具で0.3~0.7 である．硬い材料ほど n が大きく，高速切削において寿命が低下しにくいといえる．

図13.4に示すように，切削速度を上げると1個の工具で切削できる距離が短くなるため，切削速度を落として長い時間をかけてつくった方が製品1個当たり

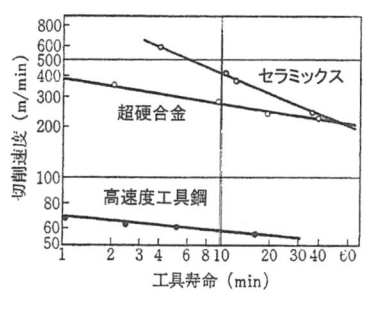

図13.3　V-t 線図

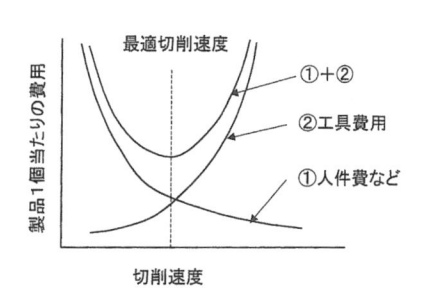

図13.4　最適な切削速度

の工具費用は小さい．しかし，人件費や工作機械の原価償却費などの固定費は時間に比例して増加するため，切削速度を落とすと製品1個当たりの人件費などのコストは大きくなる．したがって，製品1個当たりの製造コストを最小にするような切削速度が存在することになる．実際には生産において意志決定を行うための要因が多くあるため，コストと生産時間の両方を考えて切削速度を決めている．

【例題】 1個の工具で切削できる距離が式(13.2)で表されるとして，工具1個のコストを a，製品1個をつくるための切削距離を b，単位時間当たりの人件費を d として，製品1個に必要な工具費用と人件費の合計を最小にする切削速度を求めよ．

[解答] 1個の製品の製作に必要な工具の個数は $b/Vt = b/(c'V^{(n-1)/n})$ であり，1個の製品の切削時間は b/V であるため，1個の製品の製作コスト E は次のように求まる．

$$E = a\frac{b}{c'V^{(n-1)/n}} + d\frac{b}{V}$$

これを微分して0とおくと，

$$\frac{dE}{dV} = \frac{ab}{c'}\frac{1-n}{n}V^{1/n-2} - bdV^{-2} = 0$$

となる．したがって

$$V = \left(\frac{c'd}{a}\right)^n \left(\frac{n}{1-n}\right)^n$$

が最適な速度である．

13.2 品 質 管 理

a. 品質管理の方法

良質の製品を経済的に能率よく計画どおりに生産するには，その生産システムが適正に機能するように管理することが必要である．生産管理においてよい品質の製品をつくるための管理活動が「品質管理」である．品質管理の活動は，製造段階だけではなく生産の全段階で実施されている．設計では事前審査（デザインレビュー）が品質管理の一部として重視されるが，製品使用時の故障を少なくして信頼性を高めることが求められる．

製造では不良品を発生，流出させないことが重要である．規格外の不良品が

誤って良品に混じって出荷されないように，製造の過程には不良品の流出を未然に防ぐ品質管理工程が必ず含まれ，設計図や仕様書に定めた規格をもとにして品質検査が行われる．その鍵となる「合否の判定基準」および「検査方法」は，製品の使用目的によって異なる．通常，合否の判定基準は数理統計に基づいて定められ，大量生産品の場合は主として抜取検査が，重要部品には全数検査が行われる．

b. 度数分布と標準偏差

設計部門から製造部門に対して，製品の寸法や強度など，品質に関する数値が設計図および仕様書で指示される．しかし実際の製造では，材料，機械，工具および作業者などに起因するわずかな誤差が原因となって，個々の数値に「ばらつき」が生じる．表13.2は製品寸法の検査データ例で，図13.5はその度数分布である．度数 f は，その事象が起こる確率の相対頻度（密度）を表す統計量である

表13.2 製品寸法の検査データ例

級 (i)	級の境界値 (mm)	中央値 (x')	度数 (f)
1	99.90〜99.92	99.91	2
2	99.92〜99.94	99.93	4
3	99.94〜99.96	99.95	6
4	99.96〜99.98	99.97	12
5	99.98〜100.00	99.99	17
6	100.00〜100.02	100.01	16
7	100.02〜100.04	100.03	11
8	100.04〜100.06	100.05	7
9	100.06〜100.08	100.07	4
10	100.08〜100.10	100.09	1

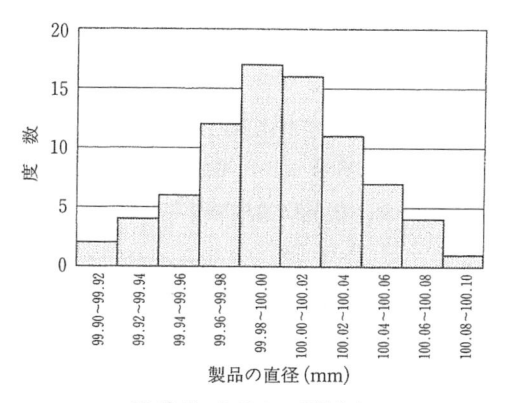

図13.5 表13.2の度数分布

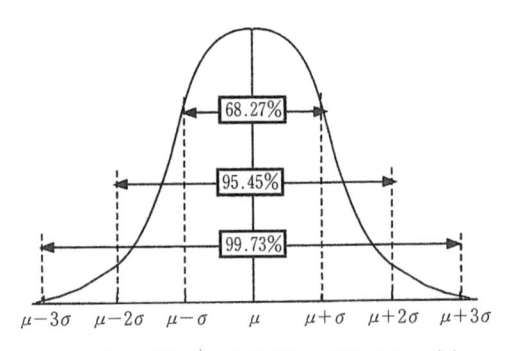

図 13.6 正規分布と標準偏差の区間に占める確率

ことから，数理統計学の標準偏差を用いて品質のばらつきを評価する．このように，生産ロットの中から n 個の部品(標本)を抜取検査するとき，測定データの平均値 $\bar{x}$ および標準偏差 σ は，それぞれ次のように与えられる．

$$\bar{x} = \frac{1}{n}\sum_{i=1}^{k} f_i x_i' \tag{13.3}$$

$$\sigma = \sqrt{\frac{1}{n-1}\sum f_i(x_i' - \bar{x})^2} = \sqrt{\frac{1}{n-1}(\sum f_i x_i' - n\bar{x})^2} \tag{13.4}$$

ここで，k は級の数，x_i' は i 番目の級における中央値である．

度数分布が「正規分布」といわれる確率密度関数に従うとき，ある範囲における存在確率は平均値 μ (n が無限大のときの $\bar{x}$) と標準偏差 σ のみによって表される．正規分布は図 13.6 に示すように左右対称の分布である．図中に平均値 μ から $a\sigma$ ずれた値(値が $\mu + a\sigma$) 以下での存在確率を示す．$\pm\sigma$ の範囲の中には全数の 68.27% で，$\mu - \sigma$ 以下と $\mu + \sigma$ 以上は各々 15.87% である．$\pm 2\sigma$ の範囲内には 95.45%，$\pm 3\sigma$ 内に 99.73% が入る．

実測データから存在確率を求めるために確率紙を用いる方法がある．測定データを値の小さいものから大きいものへと並べ，ある値以下の存在割合(累積確率密度)を求めると，累積確率密度は 0 から増加して最も大きい値で 1 になる．正規確率紙の横軸にデータの値，縦軸に累積確率密度を記入したとき，正規分布では直線になる．

【例題】 部品の強度分布が正規分布で表され，その平均強度が 1200 MPa，標準偏差が 150 MPa であるとき，900 MPa 以下の部品強度が存在する確率を，正規確率紙を用いて求めよ．

13.2 品質管理

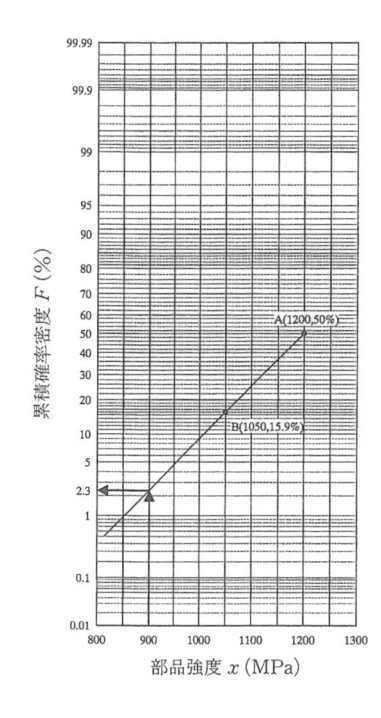

図 13.7 正規確率紙による確率密度の評価例

[解答] 平均値で累積確率密度が 50%，平均より標準偏差だけ小さい値の累積確率密度が 15.9% で与えられるので，図 13.7 の正規確率紙上に A，B 点がプロットされる．この A，B 点を通る直線と部品強度 $x=900\,\mathrm{MPa}$ との交点より，それ以下の累積確率密度 F が 2.3% と求まる．

c. 公　　差

　生産品の寸法や強度などには「ばらつき」があるので，実用上差し支えない限度（上限および下限）を決めて規格化し，その範囲に入るものだけを合格にするのが「公差」の考え方である．規格を厳しくすると品質の向上が図れるが，コストの増大をまねくことになる．逆に，規格を緩くすると生産コストは引き下げられるが，品質が低下する．製品として必要な品質の許容範囲から公差を決定するが，その公差をどの程度の割合で満足するかにより，歩留まり（全生産品のうちの検査で合格するものの割合）が決まる．

　公差を決める基準としては，正規分布における標準偏差の 3 倍 $\pm 3\sigma$ を用いることが多い．これは，全生産品の 99.73% が検査で合格することを意味し，品質のばらつきをきわめて小さくしなければ歩留まりの向上はできない．

> **コラム**
>
> ### 生産管理の元祖テイラー
>
> 　アメリカの裕福な家庭に生まれたテイラー(F. W. Talor)は，視力が低下したためハーバード大学進学をあきらめ鉄工所で機械工見習いとして働き始めた．そして後には昇進して技師長になった．勤勉で観察力に優れていたテイラーは，生産効率を上げるため26年の歳月を費やして「工具の寿命方程式の提案」「高速度鋼の発明」などの成果を上げた．科学的なデータを集めるため約5万回の実験を行い，この間に切りくずにした鉄鋼材料が約400 tonといわれるほど膨大な切削実験を行っている．20世紀の初めには高速度鋼の発明により，それまで数 m/min程度であった切削速度を10 m/min以上に高めることができるようになった．寿命方程式は，100年近く経った現在でもなお製造現場での最適作業条件選定に使われるなど，その有効性は全く失われていない．
>
> 　また，彼自身が肉体労働者として働きながら，作業のむだを省くため，「人間作業」の研究も行っている．作業している人間の動作を細かく分析し，ストップウォッチで各動作の時間を細かく測定する研究手法は「時間研究」とも呼ばれ，現在でも生産管理の適正化の重要な手法となっている．このようなテイラーの科学的管理法により，生産性は驚異的に上昇した．しかし，0.1秒のオーダまで測定してむだを省き，労働者に最高の能率を要求する手法は，個々の人間性を無視しているとの批判をあび，テイラーの管理法の禁止が議会で可決される騒動にまで発展した．しかし現在ではテイラーは近代的な生産形態を築く過程で大きな役割を果たし，生産管理の創始者として高く評価されている．

13.3　生産におけるコンピュータ利用

　生産加工の自動化の目的は人件費の削減，作業の安全性向上，全生産時間の短縮，製品品質の向上とばらつきの減少，などである．単純作業の機械化から始まった自動化は，生産の単一工程から複合工程へ適用され，コンピュータの発達により加速された．NC工作機械から始まった生産におけるコンピュータ利用はシステム化技術へと発展し，最近では生産活動全体をコンピュータにより統括する統合生産システムへと発展している．

a.　加工機械の数値制御

　機械の速度，移動距離，角度などの動きを数値信号によって制御することを数

値制御 (numerical control：NC) というが，NC 機械の駆動にはパルス信号によって回転角が精密に制御できるパルスモータを用いる．最近では，コンピュータによるプログラムの自動作成などのソフトウエア技術が進展しており，NC 機械はマイクロコンピュータを内蔵した CNC (computer numerical control) になっている．CNC 工作機械は次のような利点がある．

① プログラムの指令で正確に動作するので，精密加工が可能である．
② 人間ではむりな素早い動作ができるので，高能率加工が可能である．
③ 同一指令によって加工動作が繰り返され，量産品でも品質のばらつきが少ない．
④ プログラムを差し換えることによって，多品種の加工にも容易に対応できる．
⑤ 上位のコンピュータで制御され，生産のシステム化に組み込まれる．

b. 生産用ロボット

「加工機械の自動化」でつちかわれた CNC 技術は，「搬送」「着脱」「溶接」「塗装」「組立て」「検査」などの自動化を図る生産用ロボットの開発へと発展した．図 13.8 は生産現場で使用されている工業用ロボットの動作例を示す．工業用ロボットは，その機能によって単純ロボットと知能ロボットに大別される．

① 単純ロボット：NC 機械と同様に，プログラムで決められた動作を繰り返し行う．
② 知能ロボット：知覚センサと推論機能を備え，識別，判断をして作業を行う．

知能ロボットの使用はまだ少ないが，これからは生産システムの知能化に伴い必要となってくるであろう．

c. 生産システムのコンピュータ化

コンピュータの発達とともに情報技術と生産技術の統合管理が行われるように

図 13.8 工業用ロボットの動作例

なり，生産システムは図13.9に示すような発展を遂げた．

① セル生産システム：NC工作機械などを最小単位の加工セル（細胞）とし，NC機械，自動搬送装置，自動着脱装置などのセルを組み合わせて，加工―搬送―着脱の一連の作業を連続して行う製造システムである．この段階では，生産設備の制御だけにコンピュータが用いられる．

② FMS：セル生産システムでも多品種加工は可能であるが，対応できる品種の数は限られる．FMS (flexible manufacturing system)は，コンピュータによって加工機械を選択するなど製造工程を統括管理し，多くの設備を柔軟に組み合わせて多種類の製品を加工できるシステムである．図13.10にFMSによる生産ラインの概念を示す．

③ FA：FMSよりさらに自動化を進め，設計から製造，出荷までの工場全体の自動化を目指すシステムがFA (factory automation)である．FAでは生産工程全体の最適化のため，設計時に製造コストの見積りをしたり，製造の状況をコンピュータ内部で仮想的に実現（シミュレーション）したりするといった，高度なコンピュータ利用がなされる．設計と製造を同期化する方法を，コンカレントエンジニアリングという．

④ CIM：設計部門でのCAD，製造部門でのCNC工作機械やロボットの制御など，全社的なコンピュータシステムを統合し，場合によっては受注，販売な

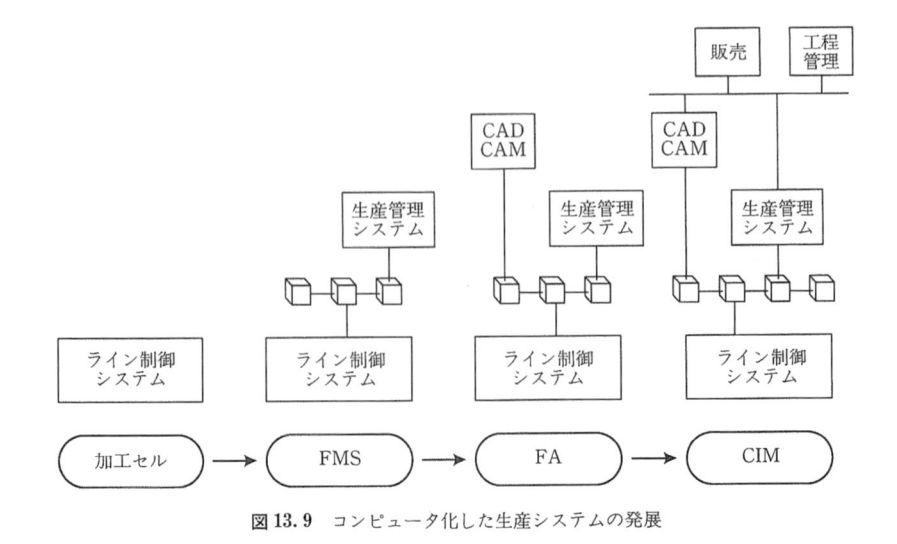

図13.9　コンピュータ化した生産システムの発展

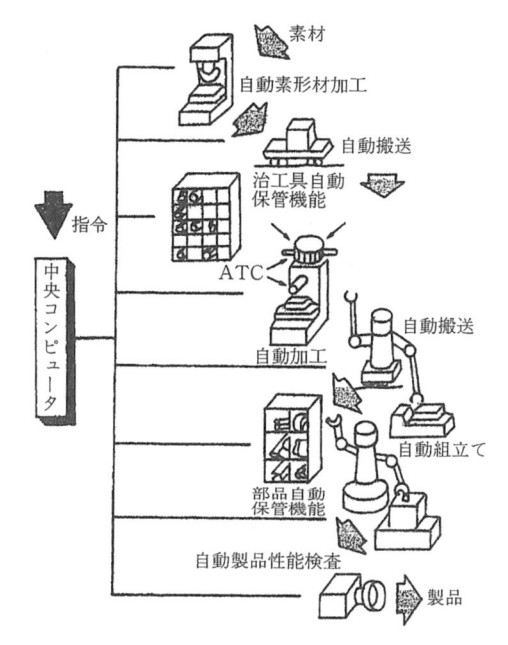

図 13.10 FMS による生産ラインの概念
(牧野 昇他：全予測 先端科学技術, ダイヤモンド社, 1991)

ど企業全体の生産活動を含んだコンピュータによる統合システムの概念を総称して CIM (computer integrated manufacturing) といい，多くの企業で全社的なコンピュータ化が進んでいる．

演 習 問 題

13.1 製品の生産量と製造方式により生産システムを分類し，具体例をあげよ．

13.2 自動車は1台当たり2〜3万点の部品で構成されている．20世紀初頭に，大衆車の生産で流れ作業による大量生産方式が構築されたが，近年どのような生産方式に発展してきているか調査せよ．

13.3 13.2節の例題を，標準正規分布 $z=(x-\mu)/\sigma$ を用いて求めよ．

13.4 部品の重要な寸法の分布が正規分布で表されるとき，99%以上の製品が 100 ± 0.4 mm の範囲に入るためには，標準偏差をどの程度にすればよいか．

13.5 品質検査における標準偏差を用いて生産工程が正常であるかを判断するのに，工程能力 (process capability：Cp) と呼ばれる指標が規格化されている．その判断規格について調べよ．

演習問題解答

1.1 ①材料，②機械，③工具，④潤滑剤，⑤解析・設計技術，⑥計測・制御技術，⑦システム化技術など．

1.2 ①製品形状は加圧による型模様の転写でつくられるため，製品の寸法および強度が均一で，ばらつきが小さい．②材料を高速で加工できるので，生産性が高い．③製品形状を得るのに，材料を除去せずに加圧して成形するので，加工くずが少ない．④機械，工具(型)のコストは相対的に高いが，生産量が多いほど製造コストは安くできるため，大量生産に使用される．

1.3 生産コストを支配する要因は製品によって大きく異なる．一般に以下のような事項が検討されている．①製品の設計時にコスト面で最適な製造方法を選ぶようにする．②生産システムの自動化などにより人件費を削減する．③システムの停止を少なくし，稼働率を高くする．④生産途中の半製品(仕掛品)や完成品の在庫を少なくする．⑤加工方法，加工機械，加工条件の最適化を図る．⑥材料，エネルギー，加工機械，工具などの利用効率を高める．⑦不良品を少なくするような品質管理を行うなど．

1.4 国内総生産(GDP)は国内で行われたすべての経済活動が生み出した価値の総額を金額で表したもので，原材料にどれだけ価値が付け加えられたかを示している．1997年の国内総生産は507.852兆円であり，製造業生産は123.476兆円でGDPの24.3%を占める(出典：日本国勢図絵，国勢社)．

1.5 1997年の鉄鋼生産量は重量で1.05億トンであり，金額で6.8兆円である．これから鉄鋼材料は1トン当たり約6.5万円であることがわかるが，他の金属に比べると格段に低価格である．わが国の鉄鋼材料は品質，生産量ともに世界のトップレベルにあり，自動車をはじめ各種金属製品，工作機械類，電気機器類などの生産資材の基盤となっている．

2.1 引き伸ばしたときの対数ひずみは $\ln 10 = 2.3$ であり，同じ大きさの対数ひずみを圧縮で与えると $1/10$ になり，元の長さに戻る．

2.2 $\ln(1+\varepsilon_N) ≒ 0.9\varepsilon_N$ であるが，下表のように約 $\varepsilon_N = 0.23$ で10%の差になる．

ε_N	0.100	0.200	0.220	0.230	0.250	0.300	0.500	1.000
ε	0.093	0.182	0.199	0.207	0.223	0.262	0.405	0.693
$\varepsilon/\varepsilon_N$	0.930	0.912	0.904	0.900	0.893	0.874	0.810	0.693

2.3 図 A.1 のように，物体の内部において xyz 座標に直角な面からなる直方体を考える．面の法線の方向を i，その面に加わる力の成分の方向を j として，単位面積当たりに加わる力の成分を応力成分を σ_{ij} とし，i, j に x, y, z を入れると 9 個の応力成分が求まる．同じ二つの添字が同じときは垂直応力で $\sigma_x = \sigma_{xx}$ などと書き，添字が異なるときはせん断応力で $\tau_{xy} = \sigma_{xy}$ などと書く．ベクトルが 3 個の成分だけをもつのに対して，この場合には面の成分と力の成分の組合せになっており，これを応力テンソルという．

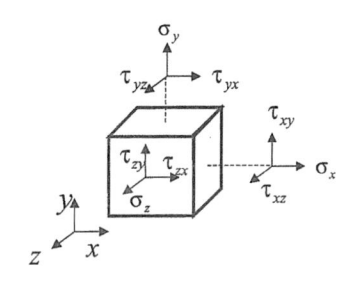

図 A.1 応力テンソル

2.4 対数ひずみと変形抵抗を両対数グラフに記入し直線で近似したとき，ひずみ 1 における直線の値が a，直線の傾きが n になる．$a = 27 \text{ MPa}$, $n = 0.24$.

2.5 チタンの密度 $\rho = 4500 \text{ kg/m}^3$，比熱 $C = 521 \text{ J/kg·K}$，$\beta = 0.9$ とする．$T = 796 \text{ K}$.

3.1 要求される特性は多岐にわたり，その分類方法も一つではない．例えば力学的性質，物理的性質，表面特性，外観特性，加工性，価格と入手のしやすさ，さらには地球環境対策のため，リサイクル性，製造から使用後再利用するまでに発生する炭酸ガス量やエネルギー消費量などに配慮したライフサイクルアセスメントを考慮に入れなければならない．

3.2 炭素鋼は一般にフェライトとパーライト組織から構成される．炭素量の増加は，図 3.7 に示すようにパーライト体積率の増加を意味する．パーライトはフェライトに比べて硬いので，炭素量の増加は強化を意味する．この種の強化は，混合則あるいは複合則で表される．強さの複合則；$\sigma = \sigma_1 V_1 + \sigma_2 V_2$（ただし $V_2 = 1 - V_1$）．ここで，σ_1, V_1 および σ_2, V_2 は第 1 相および第 2 相のそれぞれ応力と体積比率を示す．

3.3

(1) 結晶粒が微細化するにつれ変形応力は増加し，ホール・ペッチ (Hall-Petch) の式で示される．

$$\sigma = \sigma_0 + kd^{-1/2}$$

一般に強化は靭性あるいは延性の低下をまねくが，結晶粒を微細化したときのみ，低温でも延性破壊となる．これは破壊応力と降伏応力の差が細粒になるほど大きくなるためである．

(2) 変態組織強化はオーステナイト化後急冷し，マルテンサイトあるいはベイナイトを生成して強化することである．マルテンサイトはオーステナイトから無拡散変態により生成され転位密度が高く，炭素量が多いほど硬くなり，その構造は体心正方晶である．ベイナイトはマルテンサイトよりも高温で生成し，形態，硬さも若干異なる．

3.4 除夜の鐘をつくと，その音は徐々に減衰していく．これは金属内部での熱力学的な不可逆的反応に起因するもので，内部摩擦などといわれる．鋳鉄の場合は黒鉛とフェライト間の界面での摩擦に起因し，表面積の大きい片状黒鉛の方が球状黒鉛鋳鉄よりも減衰能が大きい．

3.5 金属間化合物は合金の一種であるが，2種以上の構成原子数の割合が簡単な整数の比をもち，構成原子が規則正しい配列をした結晶格子を形成しているものをいう．金属間化合物はその構成元素からは予想できない特性をもつことがある．例えば，TiAl は高温の強度が低温の強度より高いことが知られており，耐熱材としての応用が期待されている．

4.1 粗さの1周期を $4l$ とすると，測定位置が 0 から l で断面曲線上での表面の位置が 0 から $5\,\mu m$ に変化する．$Ra = \dfrac{1}{l}\int_0^l |f(x)|dx = \dfrac{1}{l}\int_0^l \dfrac{5}{l}x\,dx = \dfrac{5}{2l^2}x^2\big|_0^l = 2.5\,\mu m$．

4.2 $\beta = \dfrac{100\,\text{kgf}}{200\,\text{kgf/mm}^2 \times 100\,\text{mm}^2} = \dfrac{1}{200}$．

4.3 質量 m の物体を角度 θ の斜面にのせたとき，斜面に垂直に作用する力は $mg\cos\theta$ であり，滑り出すときの摩擦力（斜面上向き）は $\mu mg\cos\theta$ である．一方，斜面に平行な斜面下向きの力の成分は $mg\sin\theta$ であるので，両者を等しいととすると $\mu mg\cos\theta = mg\sin\theta$．したがって $\mu = \tan\theta$ が得られる．

4.4 極圧添加剤として，硫黄，リン，塩素などがよく知られている．加工材料と反応して，例えばもろい硫化鉄をつくるため加工しやすくなるといわれている．

4.5 黒鉛，二硫化モリブデンはいずれも層状の構造をもっている．層の間のせん断強さが小さいため，低い摩擦力で層間において滑りを生じる．

4.6 $1\,\text{mm}^2$ で $500\,\mu m$ の摩耗量は $W = 1\,\text{mm}^2 \times 5\times 10^{-1}\,\text{mm} = 5\times 10^{-1}\,\text{mm}^3$．$5\times 10^{-1}\,\text{mm}^3 = 2\times 10^{-8}\,\text{mm}^2/\text{kgf} \times 50\,\text{kgf} \times l\,\text{mm}$，$l = 5\times 10^5\,\text{mm} = 500\,\text{m}$．

5.1 高炉の上部では $Fe_2O_3 + 3CO \rightarrow 2Fe + 3CO_2$ の間接還元が，下部では $Fe_2O_3 + 3C \rightarrow 2Fe + 3CO$ の直接還元が生じている．

5.2 $2C + O_2 \rightarrow 2CO$（脱炭反応），$4P + 5O_2 \rightarrow 2P_2O_5$（脱リン反応），$S + 2O \rightarrow SO_2$（脱硫反応）．

5.3 $R - \dfrac{t_0 - t_1}{2} = R\cos\theta$，$\theta$ が小さい値であれば $\cos\theta \cong 1 - \dfrac{\theta^2}{2}$，$\tan^{-1}\mu \geqq \theta$ の条件か

ら，かみ込み限界では $2R=\dfrac{2(t_0-t_1)}{(\tan^{-1}\mu)^2}$．

5.4 $L=\sqrt{R^2-\left(R-\dfrac{t_0-t_1}{2}\right)^2}\cong\sqrt{R(t_0-t_1)}=\sqrt{R\varDelta t}$, θ が小さい値であれば $\sin\theta\cong\theta$
$=\dfrac{L}{R}=\sqrt{\dfrac{\varDelta t}{R}}$．

6.1 鋳鉄を鋳込む前に Ce (セシウム) または Mg を添加すると黒鉛が球状化し，引張強さを炭素鋼程度にでき，もろさが大幅に改善され耐摩耗性も向上する．しかし溶湯の流れが悪く，凝固時の収縮量が大きいので鋳造は難しい．

6.2
(1) 与式を積分すると $q=\sqrt{2at}+C$．$t=0$ のとき $q=0$ より，$C=0$ となる．したがって，
$$q=\sqrt{2at}$$
鋳型の熱吸収量は時間の平方根に比例する．

(2) 鋳物が凝固するために放出する熱量は LV．鋳型が鋳物表面から吸収する熱量は前問(1)の単位面積当たりの熱吸収量を用いて，$qS=S\sqrt{2at}$ と表される．よって，
$$LV=S\sqrt{2at}$$
$$t=\dfrac{L^2}{2a}\left(\dfrac{V}{S}\right)^2$$
鋳物が凝固するまでの時間は(体積/表面積)の2乗に比例する．

(3) 4倍．

7.1 鋼の冷間鍛造は精度が高い製品を高速で生産することができるが，材料の変形抵抗が高いため，強度の高い工具，多くの加工工程を必要とする．一方，熱間鍛造は変形抵抗が低く一度に大きな変形を与えることができ，材質の向上も可能であるため，大型製品に適用される．しかし，精度が低いため切削による後加工が不可欠である．

7.2 r 値は，板材の引張試験をした場合の，厚さ方向のひずみ ε_t と幅方向のひずみ ε_w の比，$r=\varepsilon_w/\varepsilon_t$ のことである．r 値が大きいことは，同じだけ引張ったとき厚さ変化が小さく，幅の変化が大きい特性である．深絞りでは r 値が大きいとフランジが厚くなりにくく，ポンチ底の板厚が薄くなりにくいため，加工限界が大きくなる．

7.3 D-I 缶は，深絞り (deep drawing) の後でしごき (ironing) を行ってつくった缶のことである．深絞りで壁厚の厚いカップをつくり，このカップの壁をしごきで薄くする．このため，D-I 缶の側面は底に比べて 1/3 程度の板厚になっている．

7.4 式(7.3)から求めた $C=1.67$ と $A=7850\,\text{mm}^2$，$Y=20\,\text{kgf/mm}^2$ を式(7.2)に代入すると，$P=262\,\text{tonf}$．

7.5 式(7.4)に $l=157\,\text{mm}$，$t=1\,\text{mm}$，$k=40\,\text{kgf/mm}^2$ を代入して，$P_{\max}=157\times1\times40\,\text{kgf}=6280\,\text{kgf}$．

8.1 溶極法の場合は溶接の自動化が図りやすく，非溶極法では手作業による溶接となるが入熱と溶加材の供給量を独立制御できる．

8.2 高い電気伝導度が求められるのは当然であるが，熱伝導度が大きいことも要求される．これは電極接触部における材料の溶融を抑えるためである．

8.3 Alの融点は660℃であり溶融させることは容易であるが，加熱部表面に高融点の酸化膜（Al_2O_3：2015℃）が形成されるため溶接できない．

8.4 電気ごてやガス炎のほか，抵抗発熱，高周波誘導加熱，電気炉，超音波振動，赤外線，レーザビームなどが用いられている．

8.5 融点が異なると溶接は困難であるので，ろう接や爆発圧接などが用いられている．

9.1 残留ひずみによる伸縮，曲がり，反りなどの不均一変形の発生，ひずみの回復に伴う微細傷の生成など．

9.2 繊維強化複合プラスチック（FRP）を用いた，スポーツレジャー用品（スキー用具，ボート，つりざお，ゴルフシャフトなど），浴槽，飛行機の胴体や翼など．

9.3 耐熱性に優れ高温強度が高く，比重が1/3，つまり軽くて高温に強いので軽量化，燃焼温度の高温化により，加速性，効率の向上が図れる．

9.4 式（9.1）と $\rho_0 = \rho(V/V_0)$ の関係より，$\rho_0 > 0.95(1-0.04)^3 = 0.84$．

9.5 式（9.2），（9.3）より，引張強さは約1.92倍に，弾性率（E）は約1.31倍に向上する．

10.1 大きく分けて，ひずみゲージを用いる方法と圧電素子を用いる方法がある．前者では，薄肉円形リングの弾性変形を応用した八角リングが広く用いられている．手軽につくることができるが，感度を上げるためには肉厚を薄くしなければならず，剛性が小さくなる欠点がある．後者では，チタン酸バリウムなどの結晶に力が加わると電荷を生じる「圧電効果」を利用しており，高感度，高剛性が可能である．

10.2 炭素鋼などを低速で加工するときに生じ，発生，成長，脱落を繰り返す．被削材が工具刃先に堆積したもので，硬さが大きい．切削速度を上げて温度を高くすると消滅する．

10.3 $k_s = 315$ kgf/mm² (3.09 GPa)，$r_c = 0.36$，$\phi = 21.0°$，$F = 19.3$ kgf (189 N)，$N = 22.6$ kgf (221 N)，$\mu = 0.85$，$\beta = 40.5°$，$F_s = 20.4$ kgf (200 N)，$F_N = 21.6$ kgf (212 N)，$\tau_s = 86.1$ kgf/mm² (844 MPa)，$\sigma_s = 90.9$ kgf/mm² (891 MPa)．

10.4 $h = Ry$ とすると，$(r-h)^2 + (f/2)^2 = r^2$ であるので，$-2hr + h^2 + (f/2)^2 = 0$．h が r に比べて十分小さいとして，h^2 の項を無視すると式（10.10）が得られる．

10.5 算術平均粗さ Ra，最大高さ粗さ Ry，十点平均粗さ Rz．

11.1 式 (11.1):
$$\theta \cong \sin\theta = \sqrt{R^2-(R-t)^2}/R = \sqrt{2Rt-t^2}/R \cong \sqrt{2t/R}$$
$$l \cong R\theta = \sqrt{2Rt} = (Dt)^{1/2} \quad (R=D/2)$$

式 (11.2): 一つの切れ刃の切削時間 ($R\theta/V$) における工作物の進行距離は $d=vR\theta/V$ であるが, 前の刃が切った距離を除いた進行距離は $(a/l)\times d=(a/l)\times vR\theta/V$ である.
$$g_{\max} = \frac{a}{l} \times \frac{vR\theta}{V} \times \sin\theta = \frac{av}{V} \times \sqrt{\frac{2t}{R}} = 2a\frac{v}{V}\left(\frac{t}{D}\right)^{1/2}$$

11.2 工具 (砥粒やバイト) 刃先の丸みの影響が最も大きく, 切込みの小さい加工ほど刃先丸みの影響を大きく受けることになる. 丸みの部分で加工するとすくい角が負となり, 切削抵抗が大きくなる. したがって, 切込みが小さく精密度の高い加工ほど k_s は大きくなる. 研削加工の方が旋削よりも切込みが小さく, 精密度が高い加工であることから, k_s が大きい.

11.3 大きく分けて, 熱電対を用いる接触法と, 赤外線輻射温度計を用いる非接触法がある. 加工材料中に熱電対を埋め込む「高沢の方法」や「Peklenik の方法」および「光ファイバと光電変換素子を組み合わせる方法」などがよく用いられる.

11.4 加工材料表面の温度が上昇すると, 表面が伸びようとするのに対し下地が変化しないので表面層に圧縮の熱応力が作用する. 表面の温度が高くなり熱応力が降伏応力を超えると, 圧縮の塑性ひずみを生じることになる. 全体が常温に戻ったとき圧縮塑性ひずみを生じている表面層の長さは, 応力 0 の状態では最初より短くなっている. 長さの変化しない下地に引っ張られて伸ばされ, 表面層には引張りの残留応力が残ることになる.

12.1 放電ギャップ ($5\sim50\ \mu$m) の定値制御, 放電電力定値制御, 位置決めのための数値制御などが必要となる.

12.2 熱伝導率が高く高融点, 低蒸気圧の材料 (W, Cu, Al など) は加工しにくく, 熱伝導率が低く融点の高い Zr やステンレス鋼は加工しやすい.

12.3 電子が飛ぶ空間に空気が充満していると, 電子と気体分子の衝突が頻発するので, 電子の自由工程が長くならず加速も難しくなる.

12.4 図 12.7 の型ほり以外に細穴加工, バリ取り・面取り加工, 線電極による切断・くり抜き加工などがある.

12.5 溶射ガンによりプラズマ炎を発生させ, その中に粉末状の溶射材料を供給し, 溶融, 飛散させて工作物表面に堆積させる.

13.1
① プロジェクト生産方式:個別で大規模な生産方式;ビルの建設, 土木事業など.
② 個別生産方式:品目が多様で量が少ない製品の生産方式;生産設備, 医療機器.
③ ロット生産方式:1 回ごとの同一品目の個数が中程度の生産方式;機械部品など.

④ 多(大)量生産方式：画一製品の見込み生産方式；自家用車，電気製品など．
⑤ プロセス生産方式：大きな設備で連続的に製造する方式；鉄鋼生産，石油精製など．

13.2 大量生産方式の問題である「在庫」を最小限に抑えて生産を効率化するトヨタ自動車の「カンバン方式」は世界的な生産モデルである．近年では，部品メーカが個別部品を組み合わせてモジュール(複合)化まで行い，これらを完成者メーカが車体に組み付ける「モジュール生産方式」が本格化してきている．

13.3 平均強度 $\mu=1200\,\mathrm{MPa}$，標準偏差 $\sigma=150\,\mathrm{MPa}$ を標準正規分布に変数変換すると，$Z=(900-1200)/150=-2$ を得る．つまり，$p(x\leqq 900\,\mathrm{MPa})$ は $p(z\leqq -2)$ で与えられ，正規分布表の $Z=2.0$ の値より，$p(z\leqq -2)=0.02275\fallingdotseq 2.3\%$ を得る．

13.4 99%が入るのは $\pm 2.576\sigma$ 以内であるので，$2.576\sigma=0.4\,\mathrm{mm}$ より $\sigma=0.155\,\mathrm{mm}$．

13.5 Cp=検査規格の(最大値−最小値)/6σ で定義され，Cp値が大きいほど工程能力が優れている．Cp値が1.33以下になると，工程能力が不足していると判断される．

参 考 図 書

〈全　般〉
日本機械学会編：新版機械工学便覧 B2 加工学 加工機器，日本機械学会，1984.
日本機械学会編：生産加工の原理，日刊工業新聞社，1998.
高田誠二：図解雑学単位のしくみ，ナツメ社，1999.

〈第1章〉
JSTP編：もの作り不思議百科，コロナ社，1992.

〈第2章〉
平尾雅彦：材料力学序論，培風館，2000.
大矢根守哉監修：新編塑性加工学，養賢堂，1994.

〈第3章〉
青木顯一郎，堀内　良編著：基礎機械材料学，朝倉書店，1991.
宮川大海，吉葉正行：よくわかる材料学，森北出版，1993.
日本金属学会編：金属便覧，丸善，1990.

〈第4章〉
D. ダウソン：トライボロジーの歴史，工業調査会，1997.
岡本純三，中山景次，佐藤昌夫：トライボロジー入門，幸書房，1993.

〈第5章〉
日本塑性加工学会編：塑性加工技術シリーズ，6. 引抜き加工，1990；7. 板圧延，1992；8. 棒線・形・管圧延，1991，コロナ社.
鈴木　弘：圧延百話，養賢堂，2000.

〈第6章〉
大中逸雄，荒木孝雄：溶融加工学，コロナ社，1987.
新山英輔：金属の凝固を知る，丸善，1998.

〈第7章〉
日本塑性加工学会編：鍛造，塑性加工技術シリーズ4，コロナ社，1995.
大矢根守哉監修：新編塑性加工学，養賢堂，1994.
川並高雄，関口秀夫編，斉藤正美著：基礎塑性加工学，森北出版，1995.

〈第8章〉
溶接学会編：溶接・接合工学の基礎，丸善，1993.
小林一清：溶接技術入門，理工学社，1999.
佐藤邦彦，向井喜彦，豊田政男：溶接工学，理工学社，1979.

〈第9章〉

千坂浅之助:射出成形技術入門,シグマ出版,1992.

船津和守:高分子・複合材料の成形加工,信山社出版,1992.

澤岡　昭:わかりやすいセラミックのはなし,日本実業出版社,1998.

日本材料学会編:機械材料学,日本材料学会,1991.

大西忠一,小川恒一,津田　滉,安丸尚樹:材料工学の基礎,朝倉書店,1995.

〈第10章〉

臼井英治:切削・研削加工学(上巻),共立出版,1971.

精密工学会編:新版精密工作便覧,コロナ社,1992.

〈第11章〉

田中義信,津和秀夫,井川直哉他:精密工作法(上下),共立出版,1979,1982.

小野浩二:研削仕上,槇書店,1972.

精密工学会編:新版精密工作便覧,コロナ社,1992.

〈第12章〉

杉田忠彰,矢野章成,木本康雄:加工学基礎3,マイクロ応用加工,共立出版,1984.

佐藤敏一:特殊加工,養賢堂,1981.

宮崎俊行,村川正夫,吉岡俊郎:レーザ加工技術,産業図書,1991.

麻蒔立男:超微細加工の基礎,日刊工業新聞社,1993.

〈第13章〉

横山哲男:生産工程のシステム化入門,海文堂出版,1986.

岩田一明監修:生産工学入門,森北出版,1997.

佐々木脩:品質管理の知識,日本経済新聞社,2000.

橋本文雄,帆足辰雄,黒澤敏郎,加藤　清:新編生産管理システム,共立出版,1993.

索　　引

ア 行

アーク放電　77
アーク溶接　77
圧　延　45
厚板圧延機　45
圧縮成形　91
圧　接　84
アルミニウム　25
　――の製錬　44
アルミニウム合金　25

イオンビーム加工　125
板厚制御　47
インコネル　25

FA　138
FMS　138
MIG 溶接　78
NC 機械　137
遠心鋳造　62
延　性　17
円筒研削　108

応　力　11
押出し　51
温間鍛造　67

カ 行

拡散接合　84
加工硬化　15
加工工程　8
加工発熱　18
加工変質層　113
ガスシールドアーク溶接　78
ガス溶接　81
硬さ試験　18
金　型　7

境界潤滑膜　38
境界摩擦　38
凝着摩擦　36
凝着摩耗　41
切りくず　101
切りくず最大厚さ　112
切りくず生成　111
金属の物理的性質　26

結　晶　27
ゲート　89
研削加工　108
研削機構　111
研削速度　110
研削抵抗　114
研削砥石　110
研削焼け　114
研削割れ　114

高エネルギービーム加工　124
高エネルギービーム溶接　79
合金鋼　24
工具摩耗　102
公　差　135
工作機械　107
公称ひずみ　12
構成刃先　101
高　炉　43
固相接合　83
固体潤滑　40
コーティング　106
転がり摩擦　38
混合潤滑　40

サ 行

材料試験　17
材料の経済性　7
材料の選択　22

砂型鋳造　55
サブマージドアーク溶接　78
サーメット　104

CAD　9
CAE　9
CAM　9
CBN　104
CIM　138
CNC 工作機械　137
CVD　128

仕上面粗さ　102
シェル鋳型　57
自硬性鋳型　57
しごき加工　73
自生作用　110
シーム溶接　81
シームレスパイプ　50
射出成形　88
自由鍛造　66
潤　滑　38
純酸素上吹転炉　44
焼　結　30,94
焼結鍛造　70
蒸　発　31
除去加工　1
ショートショット　89
しわ　70
真空鋳造　61
真実接触面積　34
靭　性　17
心なし研削　108

すくい角　98
スピニング加工　73
スプリングバック　70
スプール　89
スポット溶接　80

索　引

正規分布　134
製　鋼　44
生産管理　136
生産技術の座標軸　129
生産性　129
生産用ロボット　137
脆　性　16
製　銑　43
製品品質　7
静摩擦　37
製　錬　43
切削温度　102
切削加工　97
切削機構　97
切削工具　103
切削抵抗　100
セラミックス　91, 104
セル生産システム　138
せん断加工　73
せん断試験　13
せん断変形　14

造　塊　45
素材製造　43
塑性加工　65
塑性加工機械　74
塑性ひずみ　13
塑性変形　28

タ　行

ダイカスト　60
対数ひずみ　13
ダイヤモンド　105
弾性ひずみ　13
鍛造圧力　68
炭素鋼　23

チタン　25
鋳造加工　55
鋳　鉄　24
超硬合金　103
超仕上げ　116

TIG 溶接　79
抵抗溶接　80
テイラーの寿命方程式　131
鉄鋼材料　23

転　位　28
電解加工　126
電気化学加工　126
電子ビーム加工　124
転　造　69

銅　25
銅合金　25
動摩擦　37
特殊鋳造　61
トライボロジー　33
トランスファ　91
砥　粒　110
砥粒加工　115
ドリル　97

ナ　行

内面研削　108

ニクロム　25
2次元切削　97
ニッケル　25

抜け勾配　63

熱移動　18
熱可塑性樹脂　86
熱間加工　29
熱間型鍛造　66
熱間静水圧成形　95
熱硬化性樹脂　86
熱処理　28
熱伝導　20
粘　性　39
粘弾性　87

ハ　行

バイト　97
ハステロイ　25
破　断　70
パリソン　89
張出加工　72

PVD　128
引抜き　52
ひけ巣　54
比研削エネルギー　115

微細加工　119
ひずみ　11
ひっかき摩擦　36
ひっかき摩耗　42
ビッカース硬さ　18
引張り　11
引張試験　17
非鉄金属　25
びびりマーク　114
被覆アーク溶接　78
被覆加工　127
非溶極溶接　79
表面粗さ　33
品質管理　132

Vプロセス　58
フォトエッチング　126
付加加工　3
深絞り加工　70
フライス　97
プラスチック　86
プラスチック容器　5
プラズマ溶射　127
ブリネル硬さ　18
フルモールド法　60
ブロー成形　89
分塊圧延　45

ペアクロス圧延機　49
平面研削　108
変形加工　2
変形仕事　18
変形抵抗　14
偏　析　54

放電加工　119
ホットストリップ　45
ホーニング　115

マ　行

マグネシウム　25
曲げ加工　70
摩　擦　36
摩擦圧接法　85
摩擦熱　38
マシニングセンタ　107
摩　耗　41

摩耗曲線　41
マンネスマンピアサー　49

見込み代　63

ヤ　行

焼付き　38

ユニバーサルロール　51

溶　融　31, 43

ラ　行

ラッピング　117
ランナ　89

ルビーレーザ　121

冷間鍛造　67
レーザ加工　121
レーザビーム　80
連続切れ刃間隔　112

連続鋳造　45, 62

ろう接　83
6段圧延機　48
ロストワックス法　58
ロックウェル硬さ　18

ワ　行

YAGレーザ　122
ワイヤ放電加工　120

編著者略歴

小坂田宏造
1942年　兵庫県に生れる
1970年　京都大学大学院工学研究科
　　　　博士課程修了
現　在　大阪大学大学院基礎工学研究科教授
　　　　工学博士

学生のための機械工学シリーズ3
基礎生産加工学　　　　　　　　定価はカバーに表示

2001年10月10日　初版第1刷
2024年8月1日　　第22刷

編著者　小　坂　田　宏　造
発行者　朝　倉　誠　造
発行所　株式会社　朝　倉　書　店
　　　　東京都新宿区新小川町 6-29
　　　　郵便番号　162-8707
　　　　電話　03(3260)0141
　　　　FAX　03(3260)0180
　　　　https://www.asakura.co.jp

〈検印省略〉

© 2001〈無断複写・転載を禁ず〉　　Printed in Korea

ISBN 978-4-254-23733-7　C 3353

JCOPY　〈出版者著作権管理機構 委託出版物〉

本書の無断複写は著作権法上での例外を除き禁じられています．複写される場合は，そのつど事前に，出版者著作権管理機構（電話 03-5244-5088, FAX 03-5244-5089, e-mail: info@jcopy.or.jp）の許諾を得てください．

元横国大 中山一雄・前東洋大 上原邦雄著

新版 機 械 加 工
23089-5 C3053　　　　A 5 判 224頁 本体3700円

機械製作のための除去加工法について解説した教科書。好評の旧版を最近の進歩をふまえて改訂。〔内容〕切削加工法／生産技術としての切削／切削工具／特殊な切削法／砥粒加工と砥粒／研削加工法／ホーニングと超仕上げ／ラッピング／他

日大 金子純一・金沢工大 須藤正俊・日大 菅又 信編著

改訂新版 基礎機械材料学
23103-8 C3053　　　　A 5 判 256頁 本体3800円

好評の旧版を全面的に改訂。〔内容〕物質の構造／材料の変形／材料の強さと強化法／材料の破壊と劣化／材料試験法／相と平衡状態図／原子の拡散と相変化／加工と熱処理／鉄鋼材料／非鉄金属材料／セラミックス／プラスチック／複合材料

田中芳雄・喜田義宏・杉本正勝・宮本　勇他著
エース機械工学シリーズ

エース機械加工
23682-8 C3353　　　　A 5 判 224頁 本体3800円

機械加工に関する基本的事項を体系的に丁寧にわかり易く解説。〔内容〕緒論／加工と精度／鋳造／塑性加工／溶接と溶断／熱処理・表面処理／切削加工／研削加工／遊離砥粒加工／除去加工作業／特殊加工／機械加工システムの自動化

◆ 学生のための機械工学シリーズ ◆
基礎から応用まで平易に解説した教科書シリーズ

東亜大 日高照晃・福山大 小田　哲・広島工大 川辺尚志・愛媛大 曽我部雄次・島根大 吉田和信著
学生のための機械工学シリーズ 1

機　械　力　学
23731-3 C3353　　　　A 5 判 176頁 本体3200円

振動のアクティブ制御，能動制振制御など新しい分野を盛り込んだセメスター制対応の教科書。〔内容〕1 自由度系の振動／2 自由度系の振動／多自由度系の振動／連続体の振動／回転機械の釣り合い／往復機械／非線形振動／能動制振制御

奥山佳史・川辺尚志・吉田和信・西村行雄・竹森史暁・則次俊郎著
学生のための機械工学シリーズ 2

制御工学 ―古典から現代まで―
23732-0 C3353　　　　A 5 判 192頁 本体2900円

基礎の古典から現代制御の基本的特徴をわかりやすく解説し，さらにメカの高機能化のための制御応用面まで講述した教科書。〔内容〕制御工学を学ぶに際して／伝達関数，状態方程式にもとづくモデリングと制御／基礎数学と公式／他

幡中憲治・飛田守孝・吉村博文・岡部卓治・木戸光夫・江原隆一郎・合田公一著
学生のための機械工学シリーズ 4

機　械　材　料　学
23734-4 C3353　　　　A 5 判 240頁 本体3700円

わかりやすく解説した教科書。〔内容〕個体の構造／結晶の欠陥と拡散／平衡状態図／転位と塑性変形／金属の強化法／機械材料の力学的性質と試験法／鉄鋼材料／鋼の熱処理／構造用炭素鋼／構造用合金鋼／特殊用途鋼／鋳鉄／非鉄金属材料／他

稲葉英男・加藤泰生・大久保英敏・河合洋明・原　利次・鴨志田隼司著
学生のための機械工学シリーズ 5

伝　熱　科　学
23735-1 C3353　　　　A 5 判 180頁 本体2900円

身近な熱移動現象や工学的な利用に重点をおき，わかりやすく解説。図を多用して視覚的・直感的に理解できるよう配慮。〔内容〕伝導伝熱／熱物性／対流熱伝達／放流熱伝／凝縮伝熱／沸騰伝熱／凝固・融解伝熱／熱交換器／物質伝達／他

岡山大 則次俊郎・近畿大 五百井清・広島工大 西本　澄・徳島大 小西克信・島根大 谷口隆雄著
学生のための機械工学シリーズ 6

ロ ボ ッ ト 工 学
23736-8 C3353　　　　A 5 判 192頁 本体3200円

ロボット工学の基礎から実際までやさしく，わかりやすく解説した教科書。〔内容〕ロボット工学入門／ロボットの力学／ロボットのアクチュエータとセンサ／ロボットの機構と設計／ロボット制御理論／ロボット応用技術

川北和明・矢部　寛・島田尚一・小笹俊博・水谷勝己・佐木邦夫著
学生のための機械工学シリーズ 7

機　械　設　計
23737-5 C3353　　　　A 5 判 280頁 本体4200円

機械設計を系統的に学べるよう，多数の図を用いて機能別にやさしく解説。〔内容〕材料／機械部品の締結要素と締結法／軸および軸継手／軸受けおよび潤滑／歯車伝動（変速）装置／巻掛け伝動装置／ばね，フライホイール／ブレーキ装置／他

上記価格（税別）は 2024 年 7 月 現在